日式烧烤

[日] 齐藤辰夫 著
朱曼青 译

青岛出版社
QINGDAO PUBLISHING HOUSE

图书在版编目（CIP）数据

日式烧烤 /（日）齐藤辰夫著；朱曼青译 . — 青岛：青岛出版社，2021.4
ISBN 978-7-5552-8219-8

Ⅰ . ①日… Ⅱ . ①齐… ②朱… Ⅲ . ①烧烤 – 菜谱 Ⅳ . ① TS972.183.13

中国版本图书馆 CIP 数据核字 (2019) 第 071907 号

书　　名　RISHI SHAOKAO
日式烧烤
著　　者　[日]齐藤辰夫
译　　者　朱曼青
艺术总监　川村哲司（atmosphere ltd.）
设　　计　阴山真实（atmosphere ltd.）
摄　　影　今清水隆宏
造　　型　渡边美穗
编辑·采访　菊池香理
出版发行　青岛出版社
社　　址　青岛市海尔路182号（266061）
本社网址　http://www.qdpub.com
邮购电话　0532-68068091
策划编辑　贺　林
责任编辑　贾华杰
特约编辑　刘　倩
装帧设计　张　骏　杨晓雯
照　　排　青岛帝骄文化传播有限公司
印　　刷　青岛海蓝印刷责任有限公司
出版日期　2021年4月第1版　2021年4月第1次印刷
开　　本　16开（787mm × 1092mm）
印　　张　8.25
字　　数　110千
图　　数　568
书　　号　ISBN 978-7-5552-8219-8
定　　价　49.80元

编校印装质量、盗版监督服务电话　4006532017　0532-68068650
建议陈列类别：美食类　生活类

前言

烤物[1]的魅力在于“煎肉、烤鱼时美妙的声音”和“浓郁的焦香气味”。“烧烤”这种烹饪方法很难失败，用平底锅或烤架即可完成，即使是初次下厨的人也能轻松驾驭。

烤物的有趣之处就在于，料理的最终呈现效果会因烧烤手法的不同而千变万化。若是迅速烧烤，料理的外观和风味就十分轻盈，适合夏季；相反，若是将料理慢慢地烧烤，其温热浓郁的味道会给人以量大料足的满足感，就适合冬季。如此这般，根据季节和个人喜好自由地烹饪料理，真是令人欣喜呢！

对烧烤渐有自信后，你可以试着在摆盘上下功夫。摆盘不同，料理会给人不一样的感觉——将烤物平面化摆盘，让人看着心生凉爽；立体摆盘则显得大气、有格调。另外，装点上带有季节感的食材，比如夏季用花椒、柠檬和芥末，冬季则用柚子、青柠和生姜，便能使料理呈现出不同寻常的灵动。如此不断地进阶变换，这也是烧烤独有的乐趣。

在这本书中，我与大家分享了76道料理，它们不仅是烧烤而成的，有的还采用了腌渍后再煎烤、煎烤后再浇汁、蒸烤、煎炸等烹调手法。菜品的丰富多样也许会让你惊叹：“竟有这么多种类！”请你一定自己动手尝试一下，并细细品尝刚煎烤出锅的热气腾腾、香气浓郁的料理。

齐藤辰夫

①烤物：日式烧烤料理。

【本书惯用词汇】

●菜名旁边标示了“烧烤的手法”。

烤　炒　炸

●材料都是易于烹饪的分量，以 2 人份为主。

●计量单位：1 汤匙为 15 ml，1 茶匙为 5 ml。

●“田舍味噌”是指用麦曲制成的颜色较浓的味噌。将它换成你自己常用的味噌也无妨。

●“水淀粉……1 汤匙”是指将 1 汤匙干淀粉溶于 1 汤匙的水后，再将全部材料入菜使用。

●菜谱中所用的“橄榄油”是指特级初榨橄榄油。

●用小型多功能烤面包机（1000 瓦）、烤箱、烤鱼架（两面型）、微波炉（500 瓦）加热的时间只能作为参考。使用的机型不同，所需加热时间也有差异，请酌情调整。

· 目录 ·

【第四章】
蔬菜类烤物

【第五章】
鸡蛋、加工食品类烤物

烤物
是用这些炊具烹饪的

说到烧烤，大家可能会先想起平底锅，
但除此之外，也可以使用
烤鱼架、小型多功能烤面包机、电饼铛等多种炊具。
在此，我为大家介绍一下这些炊具的特征和使用要点。

平底锅

适合所有烤物，使用起来最为方便。其直径在 22 cm 到 24 cm 之间，若能同时拥有浅口和深口两种类型的平底锅，那烹饪起来将会更加得心应手。

牛排煎锅

主要用于肉类和蔬菜的烧烤。锅底表面呈瓦楞状，能将食物烤出条纹状煎痕，使成品看上去更专业。使用这种煎锅，部分油脂会留在锅底，做出的料理会较为健康，故其广受好评。

长柄平底煎锅

一般将铸铁制成的厚底平底锅叫作“长柄平底煎锅”，其因常被用于烹调西班牙的蒜香料理而出名。这种锅储热性能好，故菜品不易因受热不匀而出现斑点。如果能有直径在 18cm 到 24 cm 之间的大小不同的两种煎锅，烹饪就更方便了。

玉子烧煎锅

大小在 18 cm × 13 cm 左右，用氟树脂加工而成，使用便利。煎锅一侧的底部呈圆弧形，使煎鸡蛋更易被卷起。厚底能使食材受热更均匀，从而煎出没有斑点的漂亮的玉子烧。

电饼铛

电饼铛的铁板采用电加热，受热更均匀，可以同时烤许多肉类和蔬菜。还可以直接将它端上餐桌，让大家一同参与烹饪，乐在其中。适用于烤肉和日式煎饼等料理。

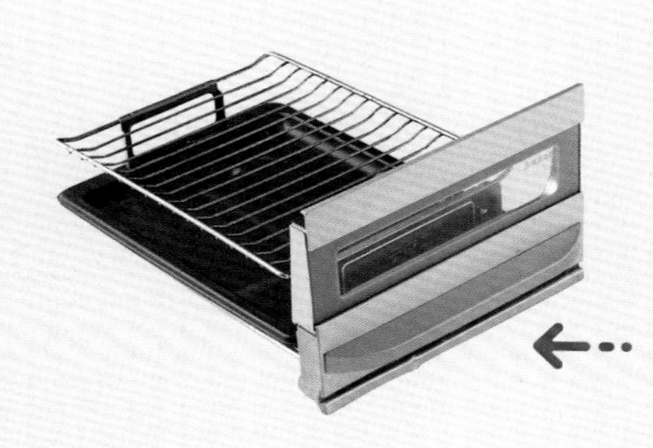

烤鱼架

除了能烤鱼，烤鱼架也能用来烤制肉类、蔬菜等，应用十分广泛。将食材间隔 3 ~ 4 cm 均匀地摆上烤鱼架，这样它们会受热更均匀、更容易熟透，烤斑也会相应地减少。

烤箱

随着烤箱内温度上升，食材会被热气包裹，直至慢慢烤熟。大家最熟悉的是用烤箱烤牛排和鸡肉。因为烤制时食材不直接接触火，所以烤箱适用于慢慢烹饪的料理。

小型多功能烤面包机

这款烹饪电器的加热原理与烤箱相同，除了可以用于烤面包，也可以用于制作比萨、奶酪焗菜和油炸食品等，应用广泛。因为离热源较近，所以食材表面易烤焦，最好将食材用铝箔纸包裹后再烤。

厚底锅

上图中左边的锅直径在 17 cm 左右，比较浅，无盖，适合做一人食寿喜锅[1]。右边的锅直径为 18 cm 左右，比较深，有盖，最适合做蒸烤料理。这两种锅都是铸铁材质，厚实稳固，加热均匀，保温性能佳。

①日式牛肉火锅。

【第一章】

齐藤流的
10 道烤物

烤肉、烤馄饨、炒荞麦面……

这些都是大家熟悉的料理，

接下来我为你介绍的这 10 道料理，

从调味到食材，

都会让你“觉得哪儿不一样”，

而且其中还会出现日本关西地区的新奇料理。

当你厌倦了寻常味道，

或是想让生活有些改变时，

这本书也许能帮助到你。

鲜香清爽

自家烤肉三拼

烤

[材料] 2 ~ 3 人份

牛肋扇 .... 200 g
猪里脊 .... 200 g
鸡胸肉（无筋）............ 4 ~ 5 块
盐 .... 适量
绿叶生菜 .... 适量
紫叶生菜 .... 适量
萝卜芽 .... 适量
胡萝卜 .... 适量
芥末泥 .... 适量
姜泥 .... 适量
梅子肉泥 .... 适量
色拉油 .... 少许

[做法]

1. 猪里脊以易食用的厚度切片。鸡胸肉片成两半，但不切断，然后展开成一片。
2. 将步骤 1 处理好的食材和牛肋扇平铺开，轻撒上盐。（图 a）
3. 牛排煎锅中刷上薄薄一层色拉油，加热，放入步骤 2 处理好的食材，用稍强的中火煎烤。将肉片煎烤出纹路后翻面，继续煎烤至焦香。（图 b）
4. 容器中摆上两种生菜叶、去除根部的萝卜芽、切成条状的胡萝卜，再盛入步骤 3 煎烤好的肉片。
5. 根据个人喜好蘸取芥末泥、姜泥、梅子肉泥食用。

※ 若想搭配调味汁食用，可参考 p.22。

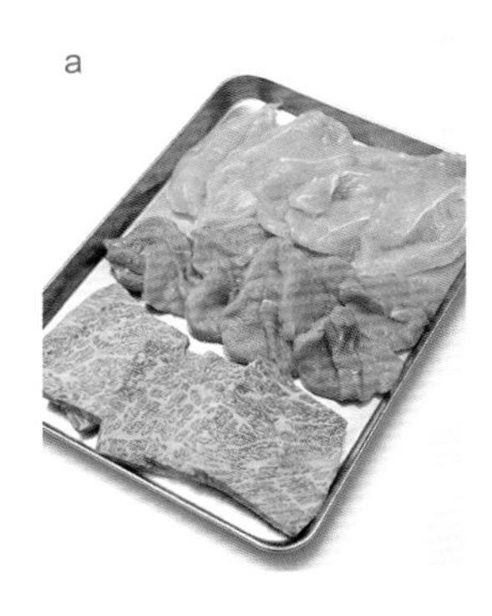
a

b

除了牛肉，这道料理还加入了猪肉和鸡胸肉，蘸着姜泥、芥末泥和梅子肉泥食用，美味无与伦比！自家烤肉的最大优势便是种类丰富。烤制时请使用“稍强的中火”，这样才能使料理鲜味无损、焦香扑鼻。

酥脆可爱

烤馄饨

烤

[材料] 2人份

猪肉糜……150 g
盐、胡椒粉……各少许
蘘荷……3个
绿紫苏叶……1把
梅干……1个
馄饨皮（圆形）……20张
醋、酱油……各适量
辣油……少许
色拉油……1汤匙
芝麻油……适量

A

水……150 ml
面粉……2茶匙

[做法]

1. 将蘘荷切成粗末，绿紫苏叶撕碎，梅干去核、切块。
2. 碗中放入猪肉糜，撒上盐和胡椒粉，搅拌出黏性。再加入步骤1处理好的食材，混合均匀，分成20等份。（图a）
3. 将步骤2制好的每份馅料都放入1张馄饨皮中。在馄饨皮的边上稍抹上些水后将其对折，用力封上口，再将馄饨皮折出的两个角向中间折，沾水按压捏合。
4. 平底锅中抹上色拉油，将馄饨皮重合的一面朝上，放入锅中。
5. 开中火，将馄饨煎至焦黄。将A料混合均匀，倒入锅中，盖上锅盖，用小火蒸烤5～6分钟。（图b）
6. 揭盖放出水汽，淋上芝麻油。将烤好的馄饨盛入容器中，配上醋酱油（将酱油和醋等量混合）和辣油食用。

a

b

每个家庭都有自己的特色馄饨馅，在猪肉糜中加入梅干、绿紫苏叶和蘘荷，这样做出的日式风味是我的独创。清爽的香味和微微的酸味会让人食欲大增。这份馄饨的形状也被认为是福气的象征。

美味松脆

烤饭团

烤

[材料] 4 个

米饭 ………………………… 250 g
柿种年糕丁[①]（仙贝）………… 20 g
蛋黄酱 ……………………… 1 茶匙
田舍味噌 …………………… 1 汤匙
味醂[②] ……………………… 2 茶匙
调味紫菜 ……………………… 4 片
野泽油菜[③] …………………… 适量

[做法]

1. 将柿种年糕丁轻轻压碎，与米饭混合，再加入蛋黄酱搅拌（加入蛋黄酱调味，米饭就不会变硬）。（图 a）
2. 将步骤 1 处理好的食材分成 4 等份，分别捏成扁平的饭团。将田舍味噌和味醂混合后，涂在饭团上。（图 b）
3. 将饭团放入小型多功能烤面包机中，烤 2 分钟左右。
4. 在容器中铺上调味紫菜，放上烤好的饭团。根据个人喜好，放上野泽油菜即可。

a

b

"米和年糕的搭配应该不错。"有了这个想法，我便做出了这道柿种年糕丁和米饭组合的料理。仙贝的松脆口感和鲜咸的酱油味能够为这道料理的美味加分，焦香的味噌则散发着怀旧的味道。

①形状与柿子的种子相似的带有辣味的炸碎年糕。
②一种料酒或米酒。把蒸过的糯米和曲种用烧酒糖化后制成的淡黄色、带甜味的酒。
③十字花科二年生草本植物，在以日本长野县的野泽温泉为中心的信越地区栽培，用作腌渍用菜。

软嫩焦香

烤鸡双拼

烤

用稍弱的中火一边翻面一边烤时，鸡肉的肉汁不断析出便是烤好了的标志。你是无法抗拒这份鲜香、软嫩的烤串儿的。无论是清爽的盐味，还是浓郁的酱油味，吃起来都很过瘾。

[**材料**] 2 人份

鸡腿（去骨）.................... 1 个
盐 .... 适量
青柠 .... 1/2 个
七味粉 .... 适量
柚子胡椒 .... 适量

酱汁

- 酒 .... 1 汤匙
- 酱油 .... 1 汤匙
- 味醂 .... $1\frac{1}{2}$汤匙

[**做法**]

1. 将鸡腿肉切成小块。将酱汁材料充分混合后，将一半鸡肉块放入酱汁中，腌渍 10 分钟，然后将每 4 块鸡肉穿成一串儿。剩下的鸡肉块也穿成串儿，撒上少许盐。为了避免烧焦，可以在鸡肉串儿的手持部分卷上铝箔纸。
2. 撒盐的鸡肉串儿放入牛排煎锅中，一边翻面，一边用稍弱的中火烤 7 ~ 8 分钟。而腌渍过的鸡肉串儿要在烤的过程中刷上 2 ~ 3 次酱汁，直至其烤出光亮色泽。
3. 将两种鸡肉串儿装盘，摆上青柠，放上七味粉和柚子胡椒。

清爽味道让人吃得停不下来

炒荞麦面

[**材料**] 2 人份

荞麦面面饼……………… 2 袋
色拉油 ……………… 2 茶匙
酱油 ……………… 1 茶匙
小葱 ……………… 8 根
培根 ……………… 100 g
蚝油 ……………… 1 汤匙
盐、胡椒粉 ……………… 各少许

[**做法**]

1. 小葱切成 3 cm 长的段，培根切成 2 cm 宽的片。
2. 碗中放入荞麦面面饼，倒入色拉油和酱油，将面饼充分搅拌开后，倒入平底锅中。开中火，将荞麦面炒出焦痕后盛出。
3. 在步骤 2 的平底锅中煎炒培根片，再将炒好的荞麦面倒回锅中一同翻炒。加入蚝油、盐和胡椒粉，当味道充分融合后撒入小葱段，迅速翻炒。

这道料理的特点是翻炒时加入清爽的蚝油，而不是黏糊糊的酱汁。荞麦面面饼淋上色拉油和酱油后，不仅更容易搅拌开，而且更易炒得口感焦脆、喷香上色。

软糯、香气扑鼻！大海的香气无与伦比

海味大和山药

炸

[材料] 8块

大和山药（或银杏山药）[①] ......130 g
盐 ...... 少许
烤紫菜 ...... 1 整张
青柠（切片）...... 1 个
柚子胡椒 ...... 适量
色拉油 ...... 适量

[做法]

1. 大和山药去皮后捣成泥，加入盐搅拌均匀。
2. 将烤紫菜切成正方形后分成 8 等份。将山药泥等分后摆在烤紫菜上，再将烤紫菜对折，裹住山药泥。
3. 平底锅中倒入较多的色拉油，中火加热，将步骤 2 的紫菜包山药泥放入锅中炸。待山药泥稍微凝固后将其翻面，炸出香味。装盘，摆上柚子胡椒和青柠片。

油的用量稍多，可以将食材炸出焦脆感。待大和山药泥膨胀后即可出锅。在这道料理中可以品尝到大海的味道。这道料理首选黏性较大的大和山药和银杏山药，菜山药水分太多，不适用于这道料理。

①两者都是日本的山药品种。

稍下功夫便能迅速出锅！

烤茄子

烤

[材料] 2 人份

茄子 .... 3 个
姜泥 .... 适量
鲣鱼丝 .... 适量
酱油 .... 适量

[做法]

1. 茄子去蒂，用筷子从另一端将茄子刺穿，直至柄蒂处。
2. 将茄子放在烤鱼架上，一边翻转一边用大火烤，烤至皮发黑、肉变软变塌后，过冷水。将茄子从柄蒂处开始快速去皮，再切成易食的小块。
3. 将茄子装盘，撒上鲣鱼丝，摆上姜泥，淋上酱油。

直接烤茄子需要花些的时间，而这个方法能帮上大忙：用筷子刺穿茄子，开一个通气孔。茄子会因为“烟囱效应”被迅速烤熟，这道料理便能轻松完成了。

浓郁甜咸，给你极大满足

鳗鱼块炒饭

炒

[材料] 2 人份

烤鳗鱼 ………………………… 1 条
青椒 ………………………… 2 个
红菜椒 ………………………… 1/2 个
黄菜椒 ………………………… 1/2 个
米饭 ………………………… 400 g
鸡蛋 ………………………… 2 个
鳗鱼酱汁 ………………………… 适量
盐、胡椒粉 ………………………… 各少许
色拉油 ………………………… 适量

[做法]

1. 将烤鳗鱼切成 2 cm 宽的段，青椒切碎块，红菜椒、黄菜椒切成 1 cm 见方的丁。（图 a）
2. 米饭中加入色拉油稍微翻拌。
3. 鸡蛋打散。平底锅中加入 1 汤匙色拉油，中火加热。然后将蛋液入锅翻炒，凝固后加入米饭，切拌炒匀。（图 b）
4. 炒至鸡蛋稍微变焦、米饭粒粒分明后，倒入步骤 1 处理好的食材继续翻炒，加入鳗鱼酱汁、盐和胡椒粉调味。

a

b

鳗鱼酱汁的咸甜味道广受喜爱，用它调味，炒饭瞬间便可与专业级的炒饭比肩。多汁的菜椒和烤鳗鱼更是绝配！

品尝满满的汤汁吧！

明石风章鱼烧

烤

[材料] 2 人份

鸡蛋 .... 2 个

水煮章鱼腕足 .... 1/2 条（40 g）

小葱 .... 2 根

白砂糖 .... 1 茶匙

酱油 .... 少许

色拉油 .... 2 茶匙

鲜味高汤

- 高汤 .... 200 ml
- 味醂 .... 1 汤匙
- 薄口酱油[①] .... 1 汤匙

[做法]

1. 水煮章鱼腕足切薄片，小葱切碎。
2. 锅中倒入鲜味高汤材料，煮至沸腾后关火，备用。
3. 鸡蛋打散后，加入白砂糖、酱油混合，再加入步骤 1 处理好的材料搅拌。
4. 平底锅中倒入色拉油，开中火加热，然后倒入步骤 3 处理好的材料，将其轻轻混合拌匀，加热至半熟程度。（图 a）
5. 将锅中材料对半折叠后，再对半折叠成扇形，将两面煎烤出香味。（图 b）
6. 装盘，淋上鲜味高汤。

a

b

满满的高汤使明石风章鱼烧呈现出柔和的味道。即使没有专用的模具，我们也成功尝试了一种简单的定型方法，就像用平底锅做蛋包饭一样。大家可以品尝到正宗的明石烧的味道！

①含盐度较高的酱油，颜色淡。含盐度较低而颜色深的则是浓口酱油。

蓬松！软嫩！让人回味十足

日式煎饼

烤

[材料] 2个

五花肉（切成薄片）..................60 g
卷心菜 .... 1/4棵（180 g）
干鲣鱼片 .... 1袋（3 g）
油渣[①] .... 10 g
鸡蛋 1个
面粉 .... 50 g
山药泥 .... 50 g
日式煎饼酱汁 .... 适量
酱油 .... 适量
蛋黄酱 .... 适量
色拉油 .... 适量

[做法]

1. 卷心菜切成边长1.5 cm的片。
2. 鸡蛋在碗中打散，加入面粉和山药泥充分搅拌混合，再加入卷心菜片、干鲣鱼片和油渣混合。（图a）
3. 在电饼铛底部涂上色拉油，加热至180℃，再将步骤2混合好的材料分成2份倒入电饼铛中，整理成2个圆形面饼。将五花肉薄片展开放在面饼上，待面饼上色后翻面。（图b）
4. 待面饼两面都煎烤出香味后，将其中一个淋上日式煎饼酱汁，另一个淋上酱油和蛋黄酱。

a

b

煎烤出美味煎饼的秘诀是千万不要挤压面饼。这样，蒸汽才能均匀流通，面饼才会蓬松软嫩，不会黏腻厚实。除了常用的煎饼酱汁之外，蛋黄酱加酱油的味道亦是一绝。

①炸天妇罗时形成的渣。

让烤肉更美味的

5 种调味汁

烤肉搭配的作料，除了第 11 页中使用过的芥末泥、姜泥和梅子肉泥之外，

还有独具个性的 5 种调味汁，配上它们，料理将更加出色。

下列任意一种调味汁的制作都只需将材料混合，而且做出的是一次便能吃完的分量。

你可以根据肉的种类以及个人喜好，自行选择调味汁。

这是大家熟悉的柚子醋酱油和柠檬汁的混合物。酸味可以让肉的味道更加清爽。这种调味汁与肉类、蔬菜都十分契合。

[**材料**] 易于制作的量①

柠檬汁 ....1 汤匙

柚子醋酱油 ....2 汤匙

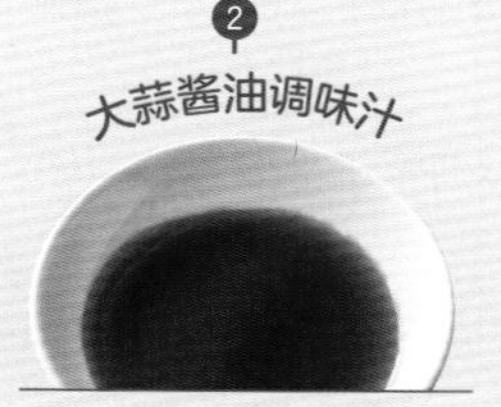

大蒜捣成泥后与其他作料的味道十分契合。加入味醂，调味汁的味道更加醇厚。这种调味汁适用于任何肉类，是一种万能调味汁。

[**材料**] 易于制作的量

蒜泥 .... 1/3 茶匙

酱油 ....2 汤匙

味醂 ....2 茶匙

咖喱粉和辣油能让烤肉的味道更加突出。这是 5 种调味汁中最辛辣的一种，辣油的用量可根据自身喜好增减。当你想让烤肉多一些变化时，请务必一试。

[**材料**] 易于制作的量

咖喱粉 .... 1/2 茶匙

酱油 ....2 汤匙

味醂 ....2 茶匙

辣油 ....少许

酱油和味醂充满日式风味，再加入伍斯特辣酱，酱汁的味道更加浓郁丰满。有了这种调味汁，寡淡的鸡胸肉也会变得味道丰富，让你百吃不厌。

[**材料**] 易于制作的量

酱油 ....1 汤匙

味醂 ....1 茶匙

伍斯特辣酱 ....2 汤匙

这种调味汁混合了盐、芝麻油和熟白芝麻，清爽之中带有芝麻的丰富香味，让人回味无穷。这种调味汁不仅可以搭配烤肉，也非常适合炸鸡。

[**材料**] 易于制作的量

盐 .... 1/2 茶匙

芝麻油 .... 2 汤匙

熟白芝麻 .... 2 茶匙

①此处提供的是制作 1 份调味汁的材料用量，可根据实际需要根据比例调整材料用量。

1
2
3
4
5

【第二章】

肉类烤物

酥脆焦香的外表，

色泽诱人的、浓稠的盖浇汁……

拥有各种各样的风味，

也是肉类烤物独有的魅力。

充分利用猪肉、鸡肉、牛肉等肉类食材，

愿你每天都能绽放出满足的笑容。

咕咾肉 炸

[**材料**] 2 人份

猪腿肉 .... 200 g
酒 .... 2 茶匙
酱油 .... 2 茶匙
洋葱 .... 1 个
胡萝卜 .... 1/4 根
青椒 .... 3 个
菠萝（罐头装）........ 2 块
干淀粉 .... $2\frac{1}{2}$ 汤匙
水淀粉 .... 1 汤匙
色拉油 .... 适量

糖醋汁

水 .... 50 ml
菠萝罐头汁 .... 50 ml
白砂糖 .... 6 汤匙
醋 .... 4 汤匙
酱油 .... 4 汤匙
豆瓣酱 .... 1 茶匙

[**做法**]

1. 猪腿肉切成 2 cm 见方的块，用酒和酱油抓匀后，腌 4 ~ 5 分钟。
2. 洋葱切成 1 cm 宽的弧形的条，胡萝卜和青椒切成易食的小块，菠萝切成大小均匀的小块。
3. 锅中倒入较多的色拉油，将腌好的猪腿肉块拍上干淀粉，放入锅中炸熟后取出。
4. 将步骤 2 中处理好的除菠萝以外的所有食材放入锅中，炸至变软后取出。（图 a）
5. 平底锅中倒入糖醋汁的材料，开火，加热至沸腾后加入水淀粉，继续加热至浓稠。
6. 加入步骤 3、4 中炸好的食材，让所有食材上裹满糖醋汁，最后加入菠萝块翻拌混合。（图 b）

a

b

请不要丢弃菠萝罐头的汁，将其加入糖醋汁中，能使酸味和清爽的味道自甜味中突显出来，让人百吃不腻。蔬菜炸过之后，颜色和甜度也会变得更好。

猪肉生姜烧

烤

将煎烤过一遍的肉用酱汁腌渍后再煎烤一次，肉质将更加软嫩，且不必担心烤煳。我十分推荐第一次烹饪此料理的人采用该方法。请每次都夹起等量的卷心菜丝和猪肉，大口大口地享用。这道料理味道清爽，而且营养均衡！

[**材料**] 2 人份

猪肉片（生姜烧专用）...200 g
盐、胡椒粉 .... 各少许
卷心菜 .... 1/6 棵
圣女果 .... 6 个
荷兰芹叶 .... 适量
色拉油 .... 1 汤匙

酱汁

酒、酱油 .... 各 2 汤匙
白砂糖 .... 1/2 汤匙
味醂 .... 2 茶匙
生姜（捣成泥）............ 2 片

[**做法**]

1. 猪肉片对半切开，撒上盐和胡椒粉。卷心菜切丝，用冷水冲洗后，沥干水。圣女果去蒂。
2. 将酱汁材料混匀。
3. 平底锅中加入色拉油，中火加热，放入猪肉片，两面煎烤。再将猪肉片放入酱汁中，腌渍 30 秒。
4. 将腌好的猪肉片和酱汁一起倒回平底锅中，开中火，一边用酱汁裹住猪肉片，一边煎烤。将煎烤好的猪肉片同卷心菜丝、圣女果和荷兰芹叶一同摆盘。

味噌渍烤猪肉

烤

味噌腌渍汁因加入了白砂糖和味醂，所以容易煎煳，请务必留心。用稍弱的中火慢慢煎烤，可以让猪肉熟透。因为这道料理是从前一天就开始准备的，所以可以轻松做好。即使是在繁忙的日子里，你也能品尝到一道如此豪华的料理。

[材料] 2 人份

猪里脊（切厚片）......2 片
秋葵......6 根
盐......适量
色拉油......2 茶匙

腌渍汁

- 田舍味噌......$1\frac{1}{2}$ 汤匙
- 水......2 汤匙
- 酒......2 汤匙
- 白砂糖......1/2 汤匙
- 味醂......1 茶匙
- 酱油......2 茶匙
- 花椒粉......1/4 茶匙

[做法]

1. 在容器中混合好腌渍汁。将猪里脊片切断筋后放入腌渍汁中，一起放入冰箱中冷藏 1 日。
2. 秋葵去蒂，用盐稍加揉搓，焯水后浸入冷水中，再取出沥干。
3. 平底锅中加入色拉油，用稍弱的中火加热。将腌好的猪里脊片拭去多余酱汁，并排放入平底锅中煎烤，煎烤至微焦后翻面。待煎烤至两面上色后，将猪里脊片切成易食的小片，与秋葵一同盛入容器中。

肉味噌回锅肉 炒

[**材料**] 2 人份

五花肉（切薄片）...........200 g
卷心菜 .... 1/4 棵
大蒜 .... 1 瓣
盐、胡椒粉 .... 各少许
色拉油 .... 1 茶匙

味噌酱汁

- 赤味噌 .... $1\frac{1}{2}$ 汤匙
- 酒 .... 1 汤匙
- 白砂糖 .... 2 汤匙
- 蚝油 .... 1 茶匙

[**做法**]

1. 五花肉片切成易食的小片，迅速汆水后用笊篱捞起。
2. 卷心菜去硬芯，切大片。大蒜切末。
3. 味噌酱汁材料充分混合均匀。
4. 平底锅中倒入色拉油，中火加热，煸香蒜末后加入五花肉片炒香。撒上盐和胡椒粉，加入味噌酱汁，使五花肉片上裹满酱汁，再加入卷心菜片混合翻炒。

五花肉片汆水，去除多余脂肪后，再加入味噌调味，就是“肉味噌”了。肉味噌的味道和卷心菜的口感十分契合。只要稍下功夫，尝试着让卷心菜上裹满肉味噌，一道做法简单而味道浓郁的蔬菜风的回锅肉就出锅了。

奶酪面包糠焗烤猪排 烤

[**材料**] 2 人份

猪里脊（切厚片）............2 片
盐、胡椒粉.................各少许
芥末粒..........................2 茶匙
奶酪（切片）....................2 片
面包糠..........................3 汤匙
水芹..............................1/3 把
色拉油..........................1 汤匙

[**做法**]

1. 猪里脊片切断筋，撒上盐和胡椒粉。平底锅中倒入色拉油，中火加热，放入猪里脊片两面煎香，并完全煎熟。
2. 将煎好的猪里脊片放入烤盘中，撒上芥末粒，铺上撕碎的奶酪片，再撒上面包糠。
3. 用小型多功能烤面包机烤 3 ~ 4 分钟，烤至面包糠喷香、奶酪化开。装盘，配上水芹。

因为猪里脊片较厚，直接用小型多功能烤面包机烤的话，也许猪里脊片表面烤焦了，里面还是生的。所以事先用平底锅将猪里脊片煎香、煎熟，之后就能迅速完成烹饪了。这道料理肉质软嫩，鲜香味让人回味无穷。

日式汉堡肉饼 烤

[**材料**] 2 人份

混合肉糜 .... 250 g
木棉豆腐 .... 150 g
洋葱 .... 1/2 个
鸡蛋 .... 1 个
盐、胡椒粉 .... 各少许
面包糠 .... 3 汤匙
荷兰豆 .... 10 个
白萝卜泥 .... 适量
柚子醋酱油 .... 适量
黄油 .... 20 g
色拉油 .... 适量

[**做法**]

1. 木棉豆腐切成适宜大小后，放入铺了厨房纸的耐热容器中，用 500 瓦的微波炉加热 2 分钟。然后将木棉豆腐放入笊篱中冷却，沥干。
2. 洋葱切碎，鸡蛋打散。
3. 碗中放入混合肉糜，撒上盐和胡椒粉搅拌均匀。加入木棉豆腐混合，并缓慢地加入打散的鸡蛋，搅拌均匀。(图 a)
4. 在步骤 3 的混合物中依次加入洋葱碎和面包糠，再将其等分成 4 个肉团。手上抹一些色拉油，将肉团整圆。在平底方盘中刷上少许色拉油，摆上肉饼，并在每个肉饼中央稍微按压出一个小窝。
5. 平底锅中加入黄油和 1 茶匙色拉油，中火加热，放入步骤 4 做好的肉饼。待肉饼上色后将其翻面，盖上锅盖，用小火加热 10 分钟。(图 b)
6. 装盘，摆上焯熟的荷兰豆和白萝卜泥，淋上柚子醋酱油。

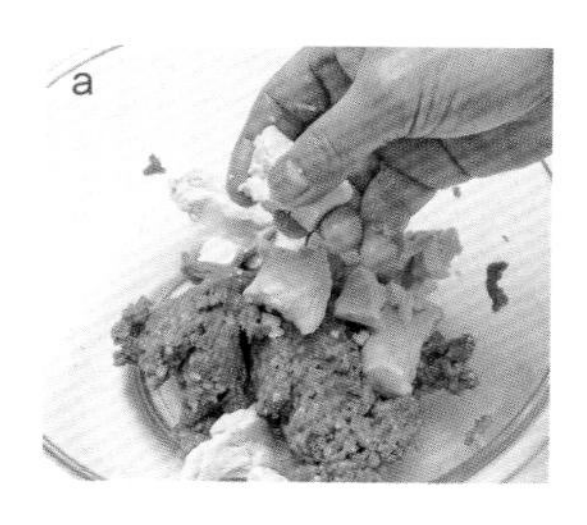

圆圆的肉饼不松散，且肉汁充溢。而且肉饼因为加入了豆腐，所以口感极其软嫩。这道料理成功的诀窍还在于要一样一样地往肉糜中加入食材，并充分混匀。

牛肉八幡卷

烤

[材料] 3 根

牛腿肉（切薄片）............... 300 g
牛蒡 .... 1 根
淀粉 .... 适量
酱油 .... 3 汤匙
酒 .... 3 汤匙
白砂糖 .... 3 汤匙
花椒粉 .... 适量
色拉油 .... 1 汤匙

汤汁

高汤 .... 300 ml
味醂 .... 2 汤匙
酱油 .... 2 汤匙

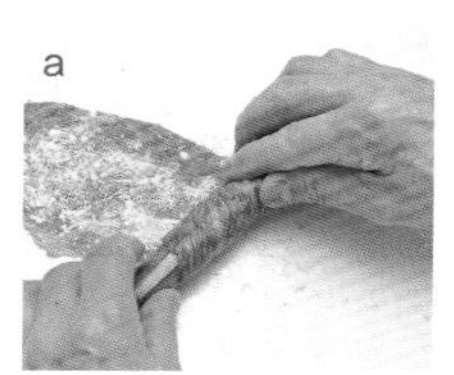

[做法]

1. 牛蒡洗净，切成 20 cm 长的几段，再将每段牛蒡纵向分为 6 ~ 8 份，用流水洗净后快速焯水。
2. 锅中倒入汤汁材料混合，中火加热。加入牛蒡条煮 4 ~ 5 分钟，用笊篱捞起，沥干。
3. 铺开一片牛腿肉，抹上淀粉。将 6 根煮好的牛蒡段放在牛腿肉片的一端，用牛腿肉片将其紧紧卷起。（图 a）
4. 再摊开一片牛腿肉，抹上淀粉，将卷好的牛肉卷置于其上再次卷起。再摊开一片牛腿肉，重复以上动作，总计卷 3 层牛腿肉片。以同样的方法再制作 2 根牛肉卷，然后在所有牛肉卷表面抹上淀粉，将其稍稍压紧。
5. 平底锅中倒入色拉油，中火加热。将牛肉卷收口处朝下，放入锅中，一边滚动，一边将其煎出诱人色泽。（图 b）
6. 取出牛肉卷，擦除多余油脂。锅中倒入酱油、酒和白砂糖微微煮沸，再将牛肉卷放回锅中，翻滚，使其裹上酱汁并煮入味。将牛肉卷切成易食的小块，盛入盘中，撒上花椒粉。

牛肉和牛蒡味道十分契合，且都不易变味、易存放，因此一直是日本人年夜饭中不可或缺的吉祥食材。咸甜口的牛肉，迅速焯熟的牛蒡，配上花椒，这组合的味道简直使人上瘾。这道料理可以冷藏保存 2 ~ 3 日，也非常适合做便当！

牛肉卷心菜杂拌 烤

[**材料**] 2 人份

牛腱肉 ....200 g

卷心菜 .... 1/4 棵

盐、胡椒粉 .... 各适量

蒜泥 .... 少许

咸海带（切丝）.................20 g

花椒 .... 2 茶匙

色拉油 .... 2 茶匙

[**做法**]

1. 牛腱肉切成约 4 cm 见方的块，撒上少许盐和胡椒粉，加入蒜泥抓揉。
2. 平底锅中倒入色拉油，中火加热，将牛腱肉块表面煎烤上色。然后马上将牛腱肉块用铝箔纸包上，静置 10 分钟左右，再切薄片。
3. 卷心菜去硬芯，切片，快速焯水，用笊篱捞起后沥干，撒上少许盐和胡椒粉，和牛腱肉片、咸海带丝、花椒一起放入碗中拌匀。

请根据自己的喜好烹饪牛肉的熟度，建议将其煎烤至表面上色、里面略生。将牛肉煎烤后包裹静置，可以减少肉汁的流失，使牛肉多汁鲜香。咸海带是使肉和蔬菜变得更加美味的必选项。

一人食寿喜锅 烤

[材料] 1 人份

牛里脊（切薄片）..........150 g
大葱 .... 1 根
茼蒿 .... 1/4 把
烤豆腐 .... 1/4 块
魔芋丝 .... 1/3 袋
温泉蛋 .... 1 个
白砂糖 .... 1 汤匙
牛油（或色拉油）........... 适量

酱汁

海带高汤 .... 50 ml
酱油 .... 2 汤匙
味醂 .... 2 汤匙

[做法]

1. 大葱表面划出刀口，切成 3 cm 长的段。茼蒿择取叶子，洗净，备用。烤豆腐切成易食的小块。魔芋丝快速焯水后，用笊篱捞出，再切成易食的大小。
2. 酱汁材料充分混合，再加入白砂糖溶解。
3. 将 1 人用的铁锅加热，放入牛油化开，先稍微煎烤大葱段和烤豆腐块，再迅速烤制牛肉片。然后加入调好的酱汁，沸腾后加入魔芋丝、茼蒿叶微煮，最后磕入温泉蛋。

你是不是也一直觉得 1 人份的寿喜锅是不可能实现的？其实只要事先备好酱汁，即使人数不多也可以尽享寿喜锅的纯正味道。寿喜锅的酱汁将鲜味和甜味两种味道平衡得恰到好处。请尽情享受品尝寿喜锅的幸福吧！

味噌奶酪焗鸡肉 烤

奶酪焗菜是广受大家喜爱的人气菜品。因为白色调味汁自己制作起来较为麻烦，所以用罐装的也无妨。加入少许白味噌，则可以让焗菜的味道更加浓郁自然。这道料理绝不会给食客以偷工减料的感觉。

[**材料**] 2 人份

鸡胸肉 .... 1/2 块
洋葱 .... 1/4 个
通心粉 ....100 g
白色调味汁（罐装）.......200 g
白味噌 ....20 g
面包糠 .... 适量
黄油 .... 适量
盐、胡椒粉 .... 各少许

[**做法**]

1. 鸡胸肉切成易食的小块，洋葱切薄片。根据包装袋上推荐的烹饪时间将通心粉煮熟。
2. 平底锅中加入 20 g 黄油，中火加热，加入鸡胸肉块和洋葱片翻炒，炒熟后撒上盐和胡椒粉，加入白色调味汁、白味噌混合，再加入通心粉拌匀。
3. 焗烤器皿内壁上抹少许黄油，放入步骤 2 处理好的食材，撒上面包糠，再抹上适量黄油，用小型多功能烤面包机烤 2 ~ 3 分钟。

印度烤鸡 烤

一般的印度烤鸡是靠香料做出浓烈口味的，但这道料理不同，它温润柔和，又有咖喱的丰富口感，酱油和味醂也散发着隐隐的香味。这道鸡肉料理让人元气满满，因而广受喜爱。

[**材料**] 2 人份

鸡腿（去骨）.................... 1 个
生菜 .... 1/4 棵
绿紫苏叶 .... 1/2 把

腌渍酱汁

原味酸奶 .... 3 汤匙
大蒜（捣成泥）............ 1 瓣
酱油 .... 1 汤匙
味醂 .... 1 汤匙
咖喱粉 .... 1 茶匙

[**做法**]

1. 腌渍酱汁材料倒入容器中充分混合。鸡腿肉切成 4 块，放入腌渍酱汁中揉搓，再放进冰箱中静置 1 日。冷藏期间搅拌混合数次。
2. 烤盘中铺上硅油纸，摆上腌好的鸡腿肉块，放入烤箱中，以 200℃烤制 20 分钟。
3. 生菜切丝后，铺入容器中，摆上烤好的鸡腿肉块，再撒上撕碎的绿紫苏叶。

鸡肉铁板烧

烤

[**材料**] 2 人份

鸡腿（去骨）........................ 1 个
青梗菜 .... 1 棵
盐 .... 适量
淀粉 .... 适量
色拉油 .... 1 汤匙

腌渍汁

- 酒 .... 2 汤匙
- 酱油 .... 2 汤匙
- 味醂 .... 3 汤匙

[**做法**]

1. 鸡腿肉切成稍大一点的能一口吃下的块，撒盐后静置 5 分钟。
2. 青梗菜切成 3 ~ 4 cm 长的段，入盐水中焯水后过冷水，再捞出沥干。
3. 碗中加入腌渍汁材料充分混合，放入鸡肉块腌渍 10 分钟。（图 a）
4. 用笊篱捞出鸡肉块，沥干，在鸡肉块上多抹些淀粉。剩余的腌渍汁备用。
5. 平底锅中加入色拉油，中火加热，放入鸡肉块煎至两面焦黄。
6. 倒入腌渍汁，不停地将腌渍汁淋到鸡肉块上，直至鸡肉块烧出光亮色泽。（图 b）
7. 将鸡肉块和青梗菜段一同装盘即可。

a

b

顺利烹饪此料理的秘诀在于给鸡肉裹上较多的淀粉，这样可以使酱汁更加浓稠，能够更好地裹在鸡肉上，从而使鸡肉呈现诱人光泽。

味醂酱油烤鸡翅 烤

[材料] 2人份

鸡翅中 ....8 ~ 10个

柠檬 1/2个

荷兰芹 ....适量

腌渍汁

- 酒 1汤匙
- 酱油 2汤匙
- 味醂 3汤匙

[做法]

1. 将腌渍汁材料混合均匀。将鸡翅中两面都在骨头间划一刀后，放入腌渍汁中腌渍15分钟。(图a)
2. 柠檬切成半圆形薄片，荷兰芹切碎末。
3. 在烤鱼架上放上配套托盘（若无，则在烤鱼架上垫一层铝箔纸），将腌好的鸡翅中去除表面多余的腌渍汁，放于托盘中，烤至表皮焦黄。烤制期间分两次用勺子将腌渍汁涂抹在鸡翅中上。（图b）
4. 装盘，摆上柠檬片，撒上荷兰芹碎末。

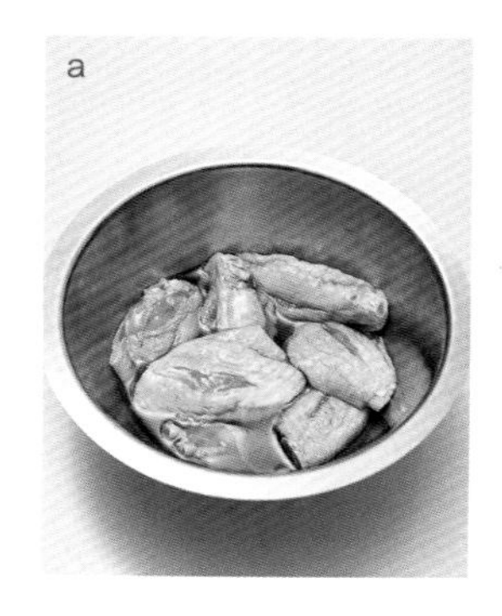
a

b

这道料理用烤鱼架烤鸡翅中，烤到其焦黄出香便可，十分简单易做。烤制过程中给鸡翅中涂抹两次腌渍汁，烤出来的颜色、香味和味道会诱人得多。若是再撒上辣椒粉或是胡椒粉，那么这道料理便是下酒菜的绝佳选择。

御手洗鸡肉饼

烤

[材料] 5串

鸡肉糜 .... 200 g
鱼肉山芋饼 .... 1片（100 g）
鸡蛋（打散）........................ 1个
盐 .... 少许
干淀粉 1汤匙
水淀粉 1汤匙
辣椒粉 .... 少许
色拉油 2茶匙

御手洗浇汁

高汤 .... 100 ml
白砂糖 1汤匙
酱油 2汤匙

[做法]

1. 将鸡肉糜、切碎的鱼肉山芋饼和盐放入碗中混合，再一点点地向碗中倒入蛋液，并充分搅拌，最后加入干淀粉搅拌均匀。
2. 调好御手洗浇汁，备用。
3. 平底锅中倒入色拉油，中火加热。用勺子将步骤1中处理好的材料分5次放入锅中，整形成椭圆形肉饼。（图 a）
4. 将肉饼煎烤至一面焦黄后翻面，两面烤熟。
5. 倒入御手洗浇汁，沸腾后加入水淀粉勾芡，使鸡肉饼裹满酱汁。（图 b）
6. 用宽竹扦穿起鸡肉饼摆入盘中，撒上辣椒粉即可。

为了充分展现鸡肉糜软嫩柔和的口感，我们加入了鱼肉山芋饼。鸡肉饼蓬松的口感和御手洗浇汁的鲜甜让人回味无穷。将鸡肉饼煎烤成扁平的形状，穿上竹扦，外观非常时尚。这一定会成为聚会时广受喜爱的一道料理。

【第三章】

鱼贝类烤物

盐烤竹荚鱼、照烧鰤鱼……

希望你能掌握这些基本的烧烤料理。

接下来，

我将为你介绍 20 道让人惊奇的料理，

这些料理使用了让人意想不到的食材和组合。

无论是初次烹饪的新手，还是行家老手，

都能在这些烤物中重新发现鱼和贝的美味，

甚至每天都想做上一道。

西式烤扇贝 烤

[材料] 2 人份

扇贝肉（刺身用，大个）............6 个
菠菜 ....1/2 把
伍斯特辣酱 ....2 茶匙
面粉 ....适量
盐、胡椒粉 ....各少许
黄油 .... 20 g

挂糊

蛋黄 ....2 个
蛋黄酱 ....2 汤匙
颗粒芥末 ....1 茶匙

[做法]

1. 扇贝肉摆于盘中，表面抹上伍斯特辣酱，静置 2 ~ 3 分钟入味。（图 a）
2. 菠菜去根后切成 5 cm 长的段，迅速焯水后过冷水，再攥干水。
3. 将挂糊的材料混合均匀。在扇贝肉表面抹上面粉。
4. 平底锅中加入黄油，开小火。待黄油化开后，将扇贝肉蘸满挂糊后放入锅中，用小火煎烤至两面焦黄，取出。（图 b）
5. 在平底锅中倒入菠菜段翻炒，加入盐和胡椒粉调味。将菠菜段在盘中高高堆起，再摆上扇贝肉即可。

扇贝肉十分适合用黄油煎烤，这道料理的美味秘诀便是用黄油将扇贝肉煎烤得表面微焦出香而内里夹生。入味用的伍斯特辣酱跟挂糊中的蛋黄酱十分相配，使这道料理有了几分御好烧日式煎饼的风味。

胡椒烧牡蛎 烤

[材料] 2 人份

加热用牡蛎（去壳）

.... 12 ～ 13 只

盐 .... 少许

粗研磨黑胡椒粉 .... 适量

淀粉 .... 适量

蘸面汁（不掺水的）...... 50 ml

色拉油 .... 1 汤匙

[做法]

1. 牡蛎肉抹盐轻揉，迅速洗净后擦干水。
2. 将牡蛎肉表面撒满粗研磨黑胡椒粉，并抹上淀粉。
3. 平底锅中倒入色拉油，中火加热，加入牡蛎肉煎香。再加入蘸面汁，使其均匀裹在牡蛎肉上。将牡蛎肉烧出光亮色泽后装盘，撒上少许粗研磨黑胡椒粉。

这道料理带有黑胡椒的辛辣风味，是红酒和啤酒的绝佳伴侣。这道料理的魅力还在于制作简单，因为只用了蘸面汁进行调味。食材的选择上请务必使用加热用牡蛎，不推荐生食用牡蛎，因为生食用牡蛎煎烤时会骤然收缩，影响成品口感。

金枪鱼排 烤

[材料] 2 人份

金枪鱼肉（刺身用）........ 1 块
蘘荷 .... 3 个
绿紫苏叶 .... 1 把
盐、胡椒粉 .... 各少许
熟白芝麻 .... 适量
纳豆碎 .... 1 盒（45 g）
芥末泥 .... 1 茶匙
柚子醋酱油 .... 1 汤匙
色拉油 .... 1 汤匙

[做法]

1. 蘘荷切成小块，绿紫苏叶撕碎。金枪鱼肉表面撒上盐和胡椒粉，抹上熟白芝麻。
2. 平底锅中加入色拉油，中火加热，将金枪鱼肉表面煎烤至上色后，切成 1 cm 宽的条，装盘。
3. 碗中加入纳豆碎和芥末泥混合，再加入蘘荷块、绿紫苏碎和柚子醋酱油混合均匀。最后将混合好的作料浇在金枪鱼条上。

将金枪鱼肉表面煎香是这道料理美味的秘诀。这样一来，即使是冷冻的金枪鱼肉，吃起来口感也不会很差。这道鱼排独具特色，更像是小菜。将金枪鱼与满满的作料、纳豆同食，味道清爽，让人印象深刻。

黑芝麻烤乌贼 烤

[材料] 2 人份

纹甲乌贼肉（冷冻）
.... 1 袋（100 g）
酒 .... 1 汤匙
盐 .... 少许
蛋白 .... 1 个
黑芝麻 .... 适量
天竹叶（可选）.............. 适量

[做法]

1. 在乌贼肉半解冻的时候将其去皮，表面划出格子状刀纹，撒上酒和盐，静置 3 ~ 4 分钟。
2. 将乌贼肉表面拭干，放于烤鱼架上烤，待其表面变白、发干后，用刷子刷上蛋白。
3. 迅速在乌贼肉表面撒满黑芝麻，用小火烤至发干。
4. 将乌贼肉从烤鱼架上取下，散热，切成易食的小块，装盘。可装饰上天竹叶。

这道料理请你一定要尝试使用肉质肥厚的纹甲乌贼，但选用常见的冷冻乌贼卷也无妨。用小火慢慢烤，可以使乌贼肉柔软弹嫩。这道料理即使凉了也依旧美味，因此常被用于庆祝场合或用作便当配菜。

鱿鱼腕足炒蒜薹

[材料] 2 人份

鱿鱼腕足 .... 2 条
鱿鱼耳 .... 2 片
蒜薹 .... 1 把
大蒜 .... 1 瓣
酱油 .... 2 茶匙
柠檬汁 .... 1 汤匙
七味粉 .... 适量
色拉油 .... 1 汤匙

[做法]

1. 鱿鱼腕足切成易食的小段，蒜薹切成 4 cm 长的段，大蒜瓣对半切开。
2. 平底锅中倒入色拉油，中火加热，将大蒜煸香后，放入鱿鱼腕足和鱿鱼耳、蒜薹段翻炒。
3. 将食材炒熟后，再加入酱油和柠檬汁迅速翻炒。装盘，撒上七味粉。

我建议提前冷冻一下鱿鱼腕足和鱿鱼耳。如果超市在单卖鱿鱼腕足，那可是做这道料理的好时机。在你没有精神的时候，柠檬的酸味和大蒜的味道可以帮助你消除疲惫，让你食欲大增。

西式烤鲣鱼

烤

[材料] 2 人份

鲣鱼（刺身用，去皮）......... 1 块
盐 .... 少许
鲣鱼粉 .... 适量
蘘荷 .... 3 个
绿紫苏叶 .... 1 把
牛油果 .... 1/2 个
柠檬 .... 适量
色拉油 .... 1 汤匙

酱汁

芥末泥 .... 2 茶匙
酱油 .... 2 汤匙
橄榄油 .... 2 汤匙
柠檬汁 .... 1 汤匙

[做法]

1. 蘘荷、绿紫苏叶分别用流水冲洗，拭干水后切碎，混合在一起。牛油果切成 1 cm 厚的片，挤上少许柠檬汁。
2. 充分混合酱汁材料。
3. 将鲣鱼表面撒盐，全身抹遍鲣鱼粉。（图 a）
4. 平底锅中加入色拉油，开大火将鲣鱼迅速煎烤（仅烤熟鲣鱼皮）。（图 b）
5. 取出鲣鱼，待其冷却后，将其片成 1 cm 厚的片。
6. 容器中铺入蘘荷碎和绿紫苏碎，放上鲣鱼片和牛油果片。将 1/2 个柠檬对半切成月牙状摆盘。最后浇上酱汁即可。

a

b

在鲣鱼肉上撒上干鲣鱼片，被称为“双生鲣鱼”，鲜美加倍。煎烤鱼肉的香味中混杂着些许配料的微苦，牛油果和橄榄油风味浓郁，这些无不勾人食欲。请大家充分享受这道料理中日式风味与西式风味的绝妙融合。

西京渍鰆鱼 烤

［材料］2 人份

鰆鱼……2 块
粗制白味噌……200 g
绿枫叶（可选）……适量

腌渍汁

水……150 ml
酒……150 ml
白砂糖……2 汤匙
薄口酱油……1 汤匙
酱油……1 汤匙

［做法］

1. 将鰆鱼切成易食的小块。
2. 锅中加入腌渍汁材料混合均匀，开火，沸腾后离火。腌渍汁放凉后，加入粗制白味噌充分搅拌，混合均匀。
3. 将腌渍汁倒入容器中，再放入切好的鰆鱼块，密封冷藏 2 ~ 3 日（因为鰆鱼块容易出水，所以腌渍期间可以将容器取出，将食材搅拌数次，让鰆鱼块入味均匀）。（图 a）
4. 将腌好的鰆鱼块置于笊篱中滤去多余汁水，用厨房纸轻轻擦去味噌后，放到烤鱼架上烤。（图 b）
5. 装盘，也可装饰上绿枫叶。

粗制白味噌是指还处于发酵过程中的白味噌，非常适合腌渍食材。若没有粗制白味噌，使用甜口的白味噌也无妨。因为用味噌腌渍过的鱼块容易烤焦，所以拭干汁水后一定要将鱼块用小火慢慢烤。

盐烤竹荚鱼 烤

[**材料**] 2 人份

竹荚鱼 .... 2 条
盐 .... 适量
甜醋腌生姜 .... 适量
绿枫叶（可选）.................... 适量

[**做法**]

1. 竹荚鱼去鳃和内脏，用流水冲洗鱼腹后拭干。去除侧鳍，在鱼腹上划出刀痕。
2. 将竹扦先从竹荚鱼口中刺入，从胸鳍处穿出，再跨过中骨刺入，最后从鱼尾处穿出。（图 a）
3. 在竹荚鱼胸鳍、背鳍和尾巴上抹上足量的盐：一边舒展鱼鳍一边揉搓上盐即可。（图 b）
4. 将竹荚鱼放上烤鱼架（鱼头在左、鱼腹冲着自己），烤至两面焦香。
5. 趁热拔出竹扦，装盘，配上甜醋腌生姜。也可再装点上绿枫叶。

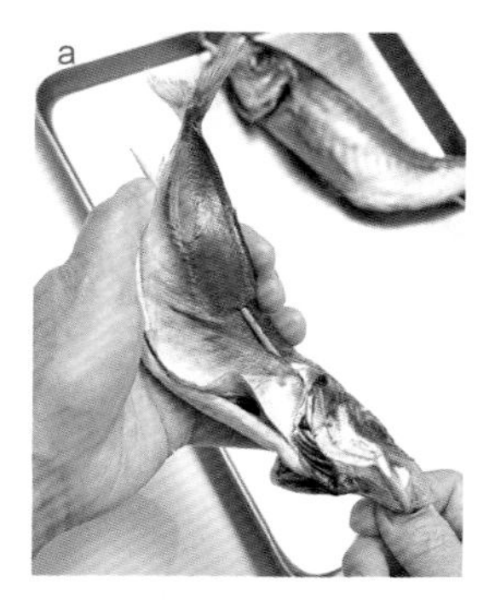

虽然盐烤料理是大家都熟悉的，但是这次为大家介绍的这道料理非常美观，适合招待客人。烹制秘诀有两点，一是要像缝线一样将竹扦穿过竹荚鱼，二是要给鱼鳍和鱼尾抹盐。只要做到这两点，烤出来的竹荚鱼就像正在水中游一般栩栩如生。

旗鱼幽庵烧

烤

[材料] 2 人份

旗鱼 .... 2 块
青辣椒 .... 8 个
柚子 .... 1 个
色拉油 .... 适量

腌渍汁

酒 .... 50 ml
味醂 .... 50 ml
酱油 .... 50 ml

[做法]

1. 用竹扦在青辣椒上刺上多个孔。将柚子切成圆形薄片。
2. 旗鱼块分别对半切开。
3. 碗中倒入腌渍汁材料，放入旗鱼块，加入一半柚子片混合，腌渍 20 分钟。（图 a）
4. 将旗鱼块取出，拭去汁水，置于烤鱼架上，烤至两面上色均匀，烤的过程中用刷子刷 3 ～ 4 次腌渍汁。（图 b）
5. 将青辣椒抹上色拉油，和旗鱼块一同烤。
6. 盘中放入旗鱼块、青辣椒和剩余的柚子片，吃之前挤上柚子汁即可。

a

b

幽庵烧据说是日本江户时期的茶人兼美食家北村祐庵（坚田幽庵）独创的腌渍烤鱼。这道料理的特点是在腌渍汁中加入了柚子（或青柠），可以称得上是风味、卖相俱佳的日式料理代表了。除了旗鱼，鲷鱼、鲳鱼和三文鱼也非常适合用来做幽庵烧。

照烧鰤鱼

烤

[材料] 2 人份

鰤鱼 .... 2 块

白萝卜泥 ....80 g

蛋黄 .... 1 个

面粉 .... 适量

盐、辣椒粉 .... 各少许

色拉油 .... 1 汤匙

酱汁

- 酒 .... 40 ml
- 味醂 .... 40 ml
- 白砂糖 .... 1 汤匙
- 酱油 .... 3 汤匙

[做法]

1. 将鰤鱼块轻抹上盐，静置 10 分钟后用水洗净，再拭干水。将白萝卜泥和蛋黄混合。
2. 充分混合酱汁材料。
3. 平底锅中倒入色拉油，中火加热。将鰤鱼块抹上面粉，入锅煎烤至两面焦香。
4. 倒入酱汁，使鱼肉上裹满酱汁。一边烧制一边给鱼肉浇上酱汁，直至烧出光亮色泽。装盘，摆上步骤 1 做好的蛋黄萝卜泥，再淋上酱汁，撒上辣椒粉。

这道咸甜口照烧鰤鱼用平底锅即可轻松做成，且非常下饭。要想烧出酥脆口感、光亮色泽，最重要的是给鰤鱼抹上面粉，并且一边浇汁一边烧制。混合了蛋黄的白萝卜泥与肥美的鰤鱼肉十分相称。

内脏风渍烤秋刀鱼 烤

［材料］ 2人份

秋刀鱼 2条

青柠 1个

酱汁

- 酒 2汤匙
- 味醂 2汤匙
- 酱油 2汤匙
- 生姜汁 1茶匙

［做法］

1. 秋刀鱼去头，去除内脏（留用），分别切成3等份。在鱼肉表面每隔5 mm划一刀。
2. 将秋刀鱼的内脏细划出刀纹，和酱汁材料充分混合，再放入秋刀鱼腌渍20分钟（腌渍过程中要将鱼翻面）。
3. 拭去秋刀鱼表面多余的汁水，将其置于烤鱼架上，一边刷上步骤2的酱汁一边烤，直至烤出香味。装盘，配上切成四瓣的青柠。

我只要入手了新鲜的秋刀鱼，最先要做的便是这道料理。微苦的内脏会让人想起秋天，十分美味。秋刀鱼划出刀痕后可以出色入味，再用稍弱的中火烤，就能享受到焦香口感啦。

和风黄油烤三文鱼 烤

这道烤鱼是我十分得意的一道料理。它看上去像是照烧，但是加了满满的黄油，煎烤出的鱼肉香味扑鼻，并带有浓郁的法式黄油烤鱼风味。烤汁中加入了柚子醋酱油，这样酱汁便添了酸味，口味浓郁丰富。用不掺水的蘸面汁也可以。

[**材料**] 2 人份

生三文鱼 .... 2 块

大葱 ....1 段（8 cm）

柠檬 .... 1/2 个

盐、胡椒粉 .... 各少许

面粉 .... 适量

柚子醋酱油 .... 100 ml

黄油 ....30 g

[**做法**]

1. 大葱纵向对半剖开后切丝。柠檬切成较厚的圆片。三文鱼块撒上盐和胡椒粉，抹上面粉。
2. 平底锅中加入黄油，开稍弱的中火加热，黄油微焦后放入三文鱼块，边煎烤边淋黄油，将其煎烤至两面焦香后装盘。
3. 向平底锅内剩余烤汁中加入柚子醋酱油，稍稍煮沸后淋在三文鱼块上，配上大葱丝和柠檬片。

蒜烤鳕鱼

烤

为了能生吃蒜，我们才会在其尚嫩之时收获大蒜。然而嫩蒜口感爽脆、风味独特，若将其置于鳕鱼之上一同烤，鳕鱼的软嫩和蒜的口感也会让人欲罢不能。

[材料] 2 人份

生鳕鱼 .... 2 段

大蒜 .... 3 头

盐 .... 少许

面包糠 .... 2 汤匙

细叶芹枝叶 .... 3 根

色拉油 .... 适量

腌渍汁

- 酒 .... 3 汤匙
- 味醂 .... 3 汤匙
- 薄口酱油 .... 3 汤匙

[做法]

1. 鳕鱼段分别切成 3 ~ 4 块，放入混合好的腌渍汁中腌渍 10 分钟左右。剥出蒜瓣，切成粗末。
2. 平底锅中加入 2 汤匙色拉油，中火加热，放入蒜末，撒盐，炒至蒜末变软，加入面包糠混合后盛出。
3. 向步骤 2 的平底锅中加入 2 茶匙色拉油，中火加热。取出鳕鱼块，擦除多余的汁水，放入锅中煎至焦香。托盘中铺上铝箔纸，将鳕鱼块摆开，上面堆上步骤 2 处理好的材料，放入小型多功能烤面包机中烤 2 ~ 3 分钟至上色。装盘，摆上撕开的细叶芹枝叶。

蒲烧沙丁鱼 烤

[材料] 2人份

沙丁鱼……4条
大葱……1/2根
面粉……适量
花椒粉……适量
色拉油……1汤匙

腌渍汁

酒……3汤匙
酱油……3汤匙
味醂……4汤匙
生姜汁……2茶匙

[做法]

1. 沙丁鱼去除鱼头和内脏，用水清洗后擦除多余的水。用手沿着中骨将鱼肉扒开，去除中骨和腹骨。在鱼身上划数刀。
2. 将腌渍汁材料充分混合，加入沙丁鱼，腌渍15分钟。
3. 大葱每隔5 mm划一刀，再切成长4 cm左右的段。
4. 取出沙丁鱼（腌渍汁留用），擦干多余汁水，沾上面粉。（图a）
5. 平底锅中倒入色拉油，中火加热，放入沙丁鱼煎烤至一面焦香。将沙丁鱼翻面后加入大葱段，一同煎烤至上色。（图b）
6. 倒入适量留用的腌渍汁，使其裹满鱼肉全身。将鱼肉煎烤出光亮色泽后装盘，撒上花椒粉。

a

b

沙丁鱼鱼肉柔软，可以简单地用手剖开。若是觉得麻烦，可以辅以工具。若从鱼皮一侧开始煎烤，则易使肉收缩、鲜味流失，因此我们一般从鱼肉一侧开始煎烤，这样便能煎烤出浓郁风味和诱人光泽。

三文鱼锵锵铁板烧 烤

[材料] 2人份

生三文鱼……2段
卷心菜……1/4棵
杏鲍菇……1袋
胡萝卜（中等大小）……1/4根
青椒……2个
盐、胡椒粉……各少许
黄油……30 g

味噌酱汁

田舍味噌……40 g
酒……1汤匙
白砂糖……1/2汤匙
酱油……1茶匙

[做法]

1. 将三文鱼抹上少许盐和胡椒粉。
2. 将卷心菜切片，杏鲍菇对半切开后撕成适当大小。
3. 胡萝卜切成半月形薄片，青椒切成1 cm宽的条。
4. 味噌酱汁材料充分混合搅拌。
5. 电饼铛加热至180℃，加入黄油，黄油化开后，迅速煎烤三文鱼两面。（图a）
6. 在三文鱼周围放上步骤2、3处理好的蔬菜，加热至变软，再淋上味噌酱汁。（图b）
7. 轻轻切分三文鱼，将其和蔬菜混合，翻炒、烤香。

a

b

这道北海道的乡土料理本来是将三文鱼与蔬菜置于铁板上煎烤的。为了能让大家围坐在一起享用美食，做这道料理时我尝试着使用了电饼铛，这样也能痛快地煎烤。三文鱼熟透后，将其弄碎，混着蔬菜，与味噌酱汁一同品尝，美味十足。

泡菜烤鲭鱼 烤

[**材料**] 2 人份

鲭鱼 .... 1/2 条
白菜泡菜（切好的）............30 g
蟹味菇 .... 1/2 袋
鲜香菇 .... 2 朵
金针菇 .... 1/2 袋
盐、胡椒粉 .... 各少许
柠檬 .... 1/4 个
黄油 ....15 g

[**做法**]

1. 鲭鱼切成 4 等份，撒上少许盐，静置 10 分钟，用流水冲洗后擦干。
2. 蟹味菇分成小朵，鲜香菇切薄片，金针菇分成 2 束。
3. 平底锅中放入黄油，中火加热，放入所有菌菇炒软后，加入泡菜，撒上少许盐和胡椒粉调味。
4. 准备 2 张较大的铝箔纸，涂上少许黄油（材料分量外），放入步骤 3 炒好的食材，再将鲭鱼置于其上，将铝箔纸松松地包裹好。将此铝箔包摆入平底锅中，注入 50 ml 水，合盖，用小火蒸烤 7 ~ 8 分钟。享用前摆上切好的柠檬片。

只有蒸烤才能尽展鲭鱼的松软口感。用铝箔纸包裹着鱼肉蒸烤，使包内充溢着空气，鲜香充分蔓延，鱼肉愈发美味。同样的食材，不同的烹饪手法，能让你享用到不同的美味，何乐而不为呢？

蒜炒章鱼西蓝花 炒

[材料] 2人份

煮章鱼腕足 ......200 g
西蓝花 1棵
烤大蒜片 ......适量
盐、胡椒粉 ......各少许
橄榄油 1汤匙

[做法]

1. 将煮章鱼腕足划出刀痕，再切成易食大小。西蓝花分成小朵，入盐水中焯水，再用笊篱捞起。
2. 平底锅中倒入橄榄油，中火加热，炒章鱼腕足。待章鱼腕足上裹满油后，加入西蓝花翻炒，再加入10 g烤大蒜片迅速翻炒，加盐和胡椒粉调味。
3. 装盘，撒入少许烤大蒜片。

这道料理充分发挥了大蒜和橄榄油的风味，特别适合作为红酒的配菜。烤大蒜片是市面上常见的那种，但是若时间允许，我推荐大家将大蒜切成薄片，用小型多功能烤面包机烤至焦香后保存，十分便利。

蒜香蛤蜊蟹味菇 炸

[**材料**] 2 人份

带壳蛤蜊（去沙）...........200 g

蟹味菇 .... 1/4 袋

红辣椒 .... 1 个

鳀鱼干 .... 1 片

大蒜（切片）................. 1/2 瓣

橄榄油 .... 150 ml

百里香（生）.................... 1 把

法棍面包（切片）........... 适量

[**做法**]

1. 搓洗蛤蜊，让蛤蜊相互摩擦，洗净后擦干水。
2. 蟹味菇去沙，分成小朵。红辣椒去籽。鳀鱼干切丝。
3. 长柄平底煎锅中加入步骤 1 和 2 处理好的食材、大蒜片、橄榄油，用较弱的中火将食材慢慢炸熟。待蛤蜊张开后装盘，装饰上百里香，配上烤好的法棍面包片。

蒜味料理是用橄榄油和大蒜烹制鱼贝类与蔬菜的一道西班牙小菜。慢慢加热，让食材的鲜味融进汤汁中，然后用法棍面包蘸着汤汁品尝。百里香使得蛤蜊愈发美味。

番茄虾烘蛋

烤

[**材料**] 2人份

虾仁 ....120 g
番茄 1个
小葱 3根
盐、胡椒粉 .... 各适量
鸡蛋 3个
鸡骨汤粉 1茶匙
色拉油 1汤匙
芝麻油 1汤匙

[**做法**]

1. 虾仁去虾线，对半切开。番茄用开水烫后去皮，切成2 cm见方的块。小葱切成3 cm长的段。
2. 平底锅中加入色拉油，中火加热，加入虾仁和番茄块翻炒，撒入少许盐和胡椒粉调味。
3. 鸡蛋在碗中打散，加入少许盐、胡椒粉和鸡骨汤粉混合，再加入步骤2炒好的食材和小葱段搅拌均匀。
4. 平底锅中倒入芝麻油，中火加热，慢慢倒入步骤3的混合蛋液，轻轻搅拌，待四周凝固后，合盖，蒸烤7 ~ 8分钟。翻面，烤至焦香。

做这道料理时不是每次烤出1人份的量，而是一次性将鸡蛋和虾仁等食材全部倒入平底锅中蒸烤，做出松软的西班牙式煎蛋。这道料理我们用了虾仁和番茄做出清爽的风味。此外，加土豆、洋葱和火腿等做成奶酪风味，也十分美味。

虾仁春卷 炸

[材料] 6个

虾仁 .... 150 g
蘘荷 3个
绿紫苏叶 1把
面包糠 .... 15 g
鸡蛋（打散）........................... 1个
盐、胡椒粉 .... 各少许
春卷皮 6张
面糊 .... 适量
椒盐（将盐和花椒粉混合）
.... 适量
色拉油 .... 适量

[做法]

1. 虾仁去虾线，粗粗地切成粒。蘘荷简单切末。绿紫苏叶撕碎。
2. 碗中加入步骤1处理好的食材和面包糠。（图a）
3. 加入蛋液充分搅拌混合，撒入盐和胡椒粉调味，最后将馅料六等分。
4. 取一份馅料放于一张春卷皮靠近身体的一边，并摆成细长条状，从这一侧开始用春卷皮将馅料卷实。（图b）
5. 卷到末端时抹上面糊，封口。像这样卷出6个春卷。
6. 平底锅中倒入较多的色拉油，用稍弱的中火加热，再放入春卷，将其炸至整体焦黄。装盘，配上椒盐。

a

b

这是油炸的料理，为了使春卷更容易熟透，不要贪心地一次加入太多馅料，卷成细卷才是关键。为了不炸焦，要用比中火稍弱一些的火，慢慢炸出香味。馅料中的虾仁还可以换成乌贼或是章鱼。

让你愉悦的美味变化

烤物浇头 4 种

虽然直接品尝烤物已经觉得很美味，但若是将其盖在饭或面上，
或是与意大利面搭配，
也许会诞生一道让你大吃一惊的美味新品哟！
当你剩下一些菜或是想要追求些许变化时，我十分推荐这样的吃法。

蒲烧沙丁鱼盖饭

将蒲烧沙丁鱼和大葱切成易食大小，盖于饭上。另有小葱的辛辣叠加上烤紫菜的香气，美味升级。

[**做法**] 1 人份

1. 参考 p.67 的做法制作蒲烧沙丁鱼，在按照该食谱步骤 6 将沙丁鱼上裹满腌渍汁后，取出 1 条沙丁鱼，切成易食的小块。将 2 根 4 cm 长的大葱段分别对半切开。
2. 碗中盛入适量米饭，盖上步骤 1 处理好的材料，浇上烤汁，撒上适量小葱末。将 1/2 张烤紫菜对半切开，摆入碗中。

旗鱼幽庵烧茶泡饭

做成茶泡饭后，烤鱼的香气愈发凸显出来。芝麻和芥末也使风味更加独特。

[**做法**] 1 人份

1. 参考 p.61 的做法制作旗鱼幽庵烧，将 1/2 块做好的旗鱼切成易食的小块，将 2 根烤熟的青辣椒分别斜切成 2 ~ 3 段。
2. 碗中盛入适量米饭，盖上步骤 1 处理好的材料，撒上适量熟白芝麻，放入适量芥末泥，再倒入热煎茶享用。

蒜炒章鱼西蓝花意面

蒜味的炒菜搭配意面也十分不错。这次虽然用了短通心粉，但是用意大利细面也能做出可口的美味。

[**做法**] 1 人份

1. 参考 p.71 的做法制作蒜炒章鱼西蓝花。
2. 按照包装上的推荐时间煮熟 80 g 短通心粉后，将其与 1/2 汤匙橄榄油、1/2 份步骤 1 的蒜炒章鱼西蓝花一同翻炒。装盘，摆上适量辣椒丝。

番茄虾烘蛋浇面

味噌使方便面的汤汁更加浓稠，
烘蛋摇身一变成了面条伴侣。

[**做法**] 1 人份

1. 参考 p.73 的做法制作番茄虾烘蛋，再取其 1/4 份，切成易食大小。
2. 按照包装上的推荐时间煮熟 1 人份的方便面。将汤汁材料加入推荐量的水中，煮出 1 人份的汤汁。再将 1/2 汤匙水淀粉加入煮沸的汤汁中，使汤汁更浓稠。
3. 将方便面盛入碗中，盖上切好的番茄虾烘蛋，倒上汤汁，撒上小葱末和适量胡椒粉即可。

【第四章】

蔬菜类烤物

想做一道料理的时候，

蔬菜类烤物是一个可以迅速做成的、

十分省心的选择。

哪怕只有一种食材，

香气四溢的蔬菜也是一绝。

简单易做的奶酪焗菜、

可保存数日的常备菜等，

这些都是餐桌上常见的菜品。

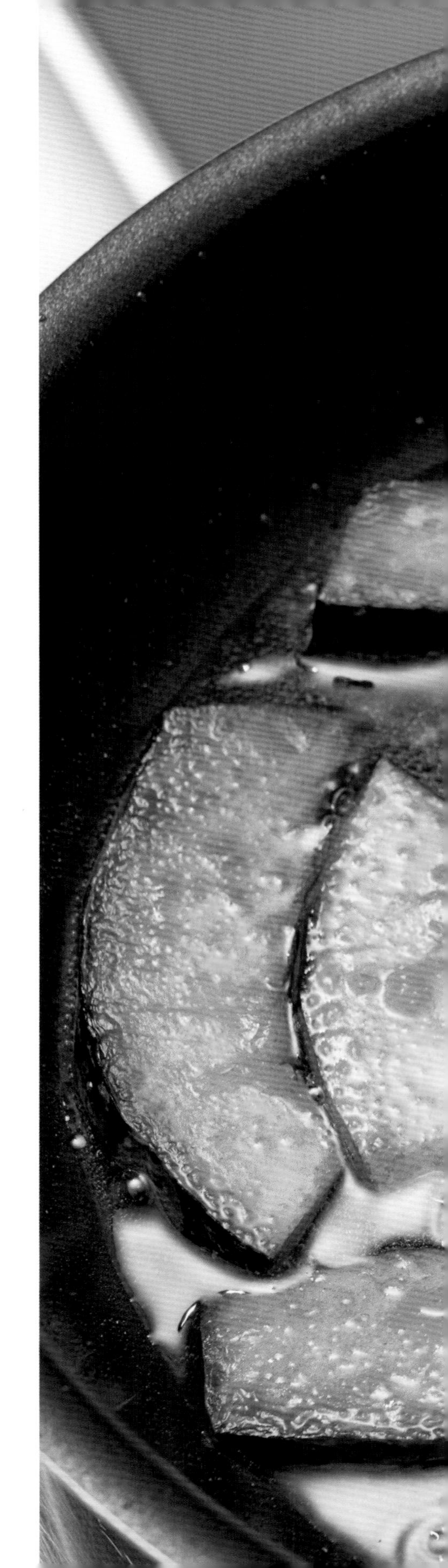

鳀鱼烤卷心菜 烤

[**材料**] 2 人份

卷心菜……1/6 棵
鳀鱼肉……10 g
小番茄干……8 个
橄榄油……80 ml

[**做法**]

1. 卷心菜切成半月形的 2 ～ 3 份，放入耐热容器中，将撕碎的鳀鱼肉塞进叶子中间。（图 a）
2. 卷心菜周围放上小番茄干，整体淋上橄榄油。（图 b）
3. 将容器覆上铝箔纸，放入小型多功能烤面包机中烤 7 ～ 8 分钟。待卷心菜熟透后，揭去铝箔纸，迅速烤至卷心菜上色。

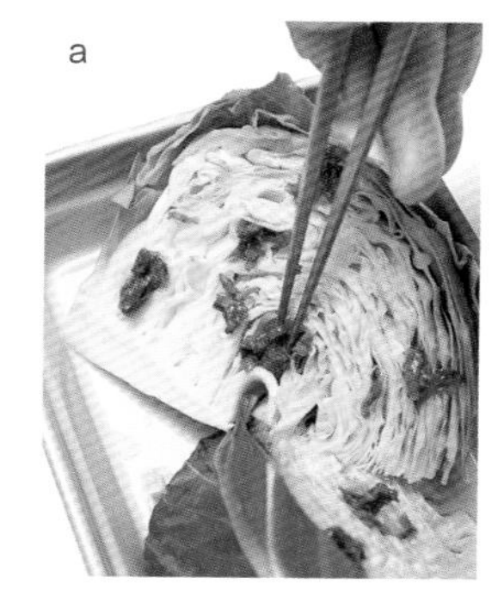
a

b

无论烤制的是什么季节的卷心菜，这道料理都十分美味。不过我十分推荐春天的卷心菜，因为它香甜柔软。将卷心菜淋满橄榄油再烤，还能使其与鳀鱼的鲜味和小番茄干的酸味充分融合，让人大快朵颐。

芝麻油葱卷烧 烤

[**材料**] 2 人份

大葱……3 根

盐……少许

香菜……1 棵

芝麻油……1 汤匙

[**做法**]

1. 将大葱切成蛇腹状：先切去大葱葱叶部分，将其横放，将整根葱每隔 3 mm 斜切出较深的刀痕。再将大葱翻转 180° ，用同样的方法切出刀痕。（每一刀都不要切断。）
2. 长柄平底煎锅内倒入芝麻油，中火加热，将大葱弯起放入锅中。（图 a）
3. 将整个大葱卷撒上盐煎烤，待烤至焦香后将其轻轻翻面。（图 b）
4. 烤至色泽焦黄后，将大葱卷装盘。将切成段的香菜摆入大葱卷中央，即可端上餐桌。

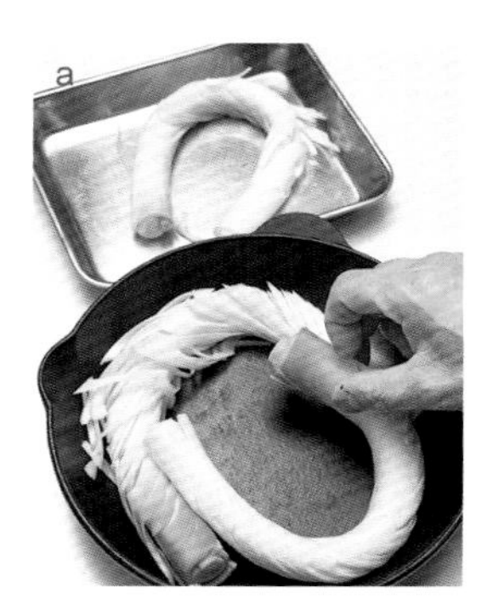
a

b

长柄平底煎锅中卷得满满当当的大葱真是充满生气。将大葱切出较深刀痕这个小技巧，使得这道创意料理更易熟透、入味，仅需芝麻油的香气和盐味便足矣。

烤白萝卜

烤

[材料] 2人份

白萝卜	6cm
分葱	1根
生姜	10g
白萝卜泥	适量
鲣鱼丝	适量
酱油	适量
芝麻油	2汤匙

[做法]

1. 白萝卜去皮，切成2 cm厚的圆片。在白萝卜片一面划上深深的“十”字刀。
2. 分葱切葱花，生姜捣泥。
3. 平底锅中加入芝麻油，中火加热，将白萝卜片划刀纹的一面先朝下放入锅中，两面煎香。合盖，转小火，慢慢蒸烤。装盘，放上白萝卜泥、葱花、姜泥、鲣鱼丝，淋上酱油。

冬天的白萝卜水分很多，熟得较快，所以烤白萝卜是一道属于寒冷季节的料理。做这道料理的要点在于先将白萝卜划了“十”字刀的一面朝下煎烤。因为油会飞溅，所以要合盖慢慢蒸烤。白萝卜与白萝卜泥也是一对常见的搭档！

烤蚕豆

烤

[材料] 2人份

蚕豆荚果..................6 ~ 7个

盐.....................................适量

[做法]

1. 切去蚕豆荚果的两端，从缝线处入刀划出刀痕。
2. 将蚕豆荚果放于烤鱼架上，盖上铝箔纸，用稍弱的中火烤5 ~ 6分钟，过程中适时翻面。
3. 蚕豆荚果表皮烤焦后出锅，装盘，摆上盐，蘸盐食用。（刚烤好的蚕豆荚果十分烫，小心烫伤。）

这道料理是小酒馆里相当有人气的下酒菜。当荚果烤至表皮焦黑、水汽不停往外溢的时候，正是品尝的好时机。蒸烤完的蚕豆热乎松软，散发着清香的果皮也十分美味。

鸡蛋蟹肉烤芦笋 烤

为芦笋和鸡蛋这对著名好拍档添上罐头装蟹肉，这一稍显豪华的组合，其美味也许能独占鳌头。从上方按压着芦笋烤，便能烤出牛排煎锅独有的煎痕。

[材料] 2 人份

芦笋 .... 2 把

蟹肉罐头 .... 1 罐（120 g）

鸡蛋 .... 1 个

盐 .... 少许

粗研磨黑胡椒粉 .... 少许

[做法]

1. 切去芦笋根部较硬的部分。将鸡蛋打散。
2. 中火加热牛排煎锅，将芦笋头尾交错摆放其中。撒盐烤，适时将芦笋翻面，烤至所有芦笋轻微上色。
3. 将罐头里的蟹肉连汁倒在芦笋上，再倒入蛋液，将其烤至半熟状态。最后撒上粗研磨黑胡椒粉即可。

奶油焗土豆 烤

[材料] 2人份

土豆（五月皇后）
........................2个（300 g）
生奶油..........................100 ml
牛奶...............................50 ml
盐、胡椒粉.................各少许
黄油...................................30 g
奶酪...................................30 g
酱油..............................1茶匙
辣椒粉.............................少许

[做法]

1. 用切片器将土豆切成薄圆片。焗烤器皿中涂抹少许黄油（材料分量外），铺满土豆片。
2. 往步骤1的土豆片上倒上生奶油和牛奶，撒上盐和胡椒粉，再放上撕碎的奶酪。将器皿放入200℃的烤箱中烤20分钟。
3. 烤至奶酪化开，覆盖食材即可。再淋上酱油，撒上辣椒粉。

土豆所含的淀粉量会决定酱汁的黏稠程度，所以土豆切片后无须冲洗，请直接使用。五月皇后土豆比男爵土豆的淀粉含量更高，因此无须加入白色调味汁就能使料理浓稠，呈现出奶酪焗菜风。五月皇后这个品种的土豆十分适合搭配肉类料理。

洋葱番茄奶酪鲣鱼烧 烤

[**材料**] 2 人份

洋葱……1 个

番茄……1 个

橄榄油……50 ml

盐、胡椒粉……各少许

干鲣鱼片……2 包（6 g）

可融奶酪……30 g

[**做法**]

1. 将洋葱、番茄切成 7 ～ 8 mm 厚的圆片。
2. 将洋葱片和番茄片交错摆在焗烤器皿中，淋上橄榄油，撒上盐和胡椒粉。（图 a）
3. 在步骤 2 的材料上铺满干鲣鱼片和奶酪。（图 b）
4. 将器皿覆上铝箔纸，放入小型多功能烤面包机中烤 7 ～ 8 分钟。
5. 待洋葱和番茄熟透，取走铝箔纸，再迅速烤至洋葱和番茄上色。

这道料理看似只是铺了奶酪、淋了橄榄油的普通焗菜，但一口吃下去会让你感到惊喜。这份惊喜的秘诀便在于干鲣鱼片：干鲣鱼片满满地覆盖在蔬菜上，一经烤制，浓郁鲜美，使两者的美味都得到了提升。请你尽情享受日式与西式完美交融的和谐味道吧。

牛油果烤包心芥菜 烤

[**材料**] 2 人份

牛油果 …… 1 个
包心芥菜腌渍物 …… 30 g
油炸碎面包块 …… 20 g
蛋黄酱 …… 2 汤匙
盐、胡椒粉 …… 各少许
柠檬 …… 1/2 个

[**做法**]

1. 牛油果纵切为两半，去核，再剜去部分果肉，仅在靠近果皮处留下少许，做成牛油果杯。将剜出的果肉切小丁。(图 a)
2. 包心芥菜腌渍物切碎。
3. 碗中加入牛油果丁、包心芥菜腌渍物碎、油炸碎面包块、蛋黄酱、盐和胡椒粉，充分混合。(图 b)
4. 将混合物二等分，分别塞满牛油果杯。将牛油果杯放入烤盘中，再放至小型多功能烤面包机中烤 2 ~ 3 分钟，烤至食材焦香。将柠檬一分为二，烤好的食材挤上柠檬汁后即可食用。

a

b

这道料理的酥脆口感源自油炸碎面包块。醇厚的牛油果和蛋黄酱让味道更丰富，大分量也让人满足感十足。若是包心芥菜腌渍物盐分很高的话，可用水浸泡 10 分钟，咸味便不会过重了。

蜂蜜烤迷你胡萝卜

烤

这道料理的美味真的能让你感到惊喜。简单烤出来的胡萝卜竟然如此美味！这道料理只要用牛排煎锅或平底锅便能轻松烤出，非常方便。而且淋了蜂蜜后，即使讨厌胡萝卜的孩子也能吃得津津有味，将它一扫而空。

[材料] 2 人份

迷你胡萝卜（带叶）........ 8 根
蜂蜜 .... 适量
盐、胡椒粉 .... 各少许

[做法]

1. 迷你胡萝卜去叶（留用），留少许茎，去皮。
2. 将迷你胡萝卜放入牛排煎锅中摆开，轻按，用中火烤 4 ～ 5 分钟至上色。
3. 容器中铺上迷你胡萝卜叶子，盛入烤好的迷你胡萝卜，淋上蜂蜜，撒上盐和胡椒粉。

烤红薯 烤

[**材料**] 2 人份

红薯（中等大小）............ 2 个
黄油 .... 20 g
盐 .... 少许

[**做法**]

1. 用沾湿的厨房纸卷起红薯，再用保鲜膜裹住，放入500瓦的微波炉中加热10分钟。
2. 揭去包裹红薯的保鲜膜和厨房纸，将红薯放于烤鱼架上烤 3 ~ 4 分钟。
3. 红薯烤至绵软热乎后放上黄油、撒上盐食用。

先像蒸东西一般用微波炉将红薯热软，再将红薯放于烤鱼架上烤，红薯就能绵软热乎、焦香四溢，绝对不输于专业的烤红薯店做的。这道料理不太费时，我十分推荐。趁热将红薯放上黄油、撒上盐，暖乎乎地大快朵颐吧！

芝麻醋腌蒸烤蘑菇 烤

[材料] 2 人份

- 鲜香菇 .... 4 朵
- 杏鲍菇 .... 2 个
- 金针菇 .... 1 袋
- 盐 .... 1/3 茶匙
- 酒 .... 1 汤匙
- 芝麻油 .... 2 茶匙

芝麻醋

- 熟白芝麻 .... 3 汤匙
- 醋 .... 3 汤匙
- 味醂 .... 1 汤匙
- 白砂糖 .... 1 汤匙
- 酱油 .... 2 汤匙

[做法]

1. 鲜香菇去柄后切成薄片。杏鲍菇切成 2 ~ 3 段后纵向切薄片。金针菇去根，切成两段后将其散开。
2. 平底锅中倒入芝麻油，中火加热，倒入步骤 1 处理好的食材和盐，轻轻翻炒。洒酒，合盖，蒸烤 2 分钟左右。
3. 碗内倒入芝麻醋材料混合搅拌，再将步骤 2 蒸烤好的食材放入碗内拌匀。静置，待其冷却入味。

尽管只使用任意一种蘑菇也可以，但这道料理将 3 种蘑菇搭配起来，可以让你享受到不同的味道和口感。合盖蒸烤可以保留蘑菇的原汁原味。这道料理也十分适合做浇头，盖在拉面或米饭上。这道料理可以放在冰箱中保存 3 ~ 4 日。

白菜蒸烤香酥培根 烤

[材料] 2 人份

白菜 .... 1/4 棵

培根 ....130 g

海带茶 .... 1 茶匙

[做法]

1. 白菜切大片，培根切成 1 cm 宽的片。
2. 平底锅里放入培根，开小火，将其煎至酥脆。
3. 取带盖的厚底锅，将白菜片立起来放入锅中，洒上海带茶，放入煎好的培根。合盖，用小火蒸烤 10 分钟。

请在没食欲或是疲倦时尝一尝这道料理。柔软的白菜渗满培根的浓香、海带茶的鲜甜，柔和的味道沁人心脾。你也可以根据个人喜好，淋上柚子醋酱油。

浸煮炸蔬菜

炸

[材料] 2 人份

南瓜 .... 1/8 个
西葫芦 .... 1/2 个
红菜椒 .... 1/2 个
红辣椒 .... 1 个
色拉油 .... 适量

腌渍汁

高汤 .... 400 ml
酱油 .... 1 汤匙
薄口酱油 .... 1 汤匙
白砂糖 .... 1 汤匙
味醂 .... 1 汤匙
盐 .... 1/5 茶匙

[做法]

1. 南瓜切成 1 cm 厚的扇形片。西葫芦去皮，切成 1 cm 厚的圆片。
2. 红菜椒切大块，红辣椒去籽。
3. 锅中倒入腌渍汁材料和红辣椒，混合均匀。开中火稍微加热，再倒入平底方盘中冷却。
4. 平底锅中倒入较多色拉油，开中火加热。倒入南瓜片、西葫芦片和红菜椒块，将其炸至焦黄。（图 a）
5. 趁热将步骤 4 做好的食材放入步骤 3 的平底方盘中，静置 30 分钟使所有食材入味。（图 b）

a

b

混合普通酱油和薄口酱油，便能让腌渍汁更加香浓。没有薄口酱油的话，仅使用普通酱油也无妨。蔬菜炸后放入腌渍汁中，颜色会更为亮丽。秋葵、茄子和豆角都值得一试。这道料理可于冰箱中冷藏保存 2 ~ 3 日。

油烤菠菜 烤

[材料] 2 人份

菠菜 .... 1/2 把

大蒜 .... 1 瓣

盐、胡椒粉 .... 各少许

色拉油 .... 2 汤匙

[做法]

1. 菠菜去根，切成两段。大蒜切薄片。
2. 焗烤器皿里铺满菠菜，撒上大蒜片，淋上色拉油，撒上盐和胡椒粉。
3. 覆上铝箔纸，用小型多功能烤面包机烤 8 分钟左右。菠菜熟透后揭去铝箔纸，再迅速将菠菜烤至上色。

虽然仅仅是将菠菜同大蒜一起烤，菠菜却能摇身一变，风味比平常更为浓郁，让人眼前一亮。这道料理美味的秘诀在于不将菠菜焯水，生着直接烤。临时起意也能迅速做好这道料理，仅这一点就能让人心生愉悦。

韩式拌菜风炒豆芽　炒

[材料] 2人份

黄豆芽……1袋
大蒜……1/2瓣
红辣椒……1个
盐……少许
芝麻油……2汤匙

[做法]

1. 黄豆芽择去根。大蒜切末。红辣椒去籽后，切碎。
2. 平底锅中倒入芝麻油、大蒜末和红辣椒碎，小火炒香，再放入黄豆芽炒软，用盐调味。

这道料理用芝麻油炒黄豆芽，用盐调味，韩风满满。豆芽择去根部则不易受损，也会更加美味。这道料理用了黄豆芽，可以让人品尝到脆脆的口感与大豆的风味，如果换成普通的豆芽也无妨。

味噌炒茄子青椒

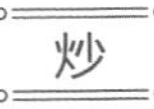

[材料] 2人份

- 茄子 4个
- 青椒 2个
- 白砂糖 .... $1\frac{1}{2}$汤匙
- 田舍味噌 .... 30 g
- 酱油 1茶匙
- 辣椒粉 .... 少许
- 芝麻油 .... $1\frac{1}{2}$汤匙

[做法]

1. 茄子切成易食的滚刀块，流水冲洗后，擦干水。青椒去柄、去籽，切成易食的小块。
2. 锅中倒入芝麻油，中火加热，加入茄子块翻炒。当茄子块上裹满油后，加入白砂糖翻炒。
3. 茄子块出水后，加入青椒块翻炒片刻，再加入田舍味噌，翻炒至所有食材上均匀裹满田舍味噌。加入酱油迅速炒匀，装盘，撒上辣椒粉。

这道咸甜口的料理风味浓郁，仅利用茄子的水分即可烹饪而成。茄子与芝麻油的风味十分契合，即使在盛夏，它们炒出的香味也能让你食欲大增。请根据个人喜好撒上辣椒粉。

烤青椒紫菜拌菜 烤

[**材料**] 2 人份

青椒（大个）.................... 4 个

烤紫菜 .... 2 整张

酱油 .... 1 汤匙

味醂 .... 1 汤匙

[**做法**]

1. 青椒去柄、去籽，纵向切成几块。
2. 烤紫菜撕成小片放入碗中，加入酱油和味醂混合。
3. 平底锅底不刷油，放入青椒块，烤至焦香。将青椒块加入步骤 2 的材料中混合，装盘。

将烤紫菜与酱油、味醂混合成酱汁，这道料理便有了佃煮①的风味。接着，你只需将裹满酱汁的烤好的青椒盖到热乎乎的米饭上，保证你吃得停不下来。用中火慢慢烤青椒，便会烤出诱人光泽、香甜滋味。

①指将鱼虾贝类、海藻等以酱油、味醂、糖等烹煮而成的风味浓醇的日式小菜。

醋炒藕片

[材料] 2人份

藕 2小节

油炸豆腐 1片

熟白芝麻 2茶匙

浒苔 .... 适量

色拉油 1汤匙

腌渍汁

- 醋 .... 100 ml
- 白砂糖 .... $1\frac{1}{2}$汤匙
- 薄口酱油 1茶匙
- 盐 .... 少许

[做法]

1. 藕纵切为两半，再用削片器削成薄片，用流水冲洗后拭干。油炸豆腐纵切为两半后再切条。
2. 平底锅中加入色拉油，中火加热。加入藕片翻炒，炒至藕片变软，加入油炸豆腐条轻轻翻炒。
3. 锅中加入混合好的腌渍汁煮沸，将食材连同煮汁一起盛入容器中，静置冷却，待食材入味。加入熟白芝麻混合，装盘，撒上浒苔。

藕用削片器削成薄片，能够更快熟透，也能更加入味。将腌渍汁煮沸能去除醋的呛鼻酸味，使其成为味道香醇的甜醋。藕的爽脆口感使这道料理十分适合用作小佐菜。这道料理能于冰箱中冷藏保存4～5日。

烤牛蒡片 烤

[**材料**] 2 人份

牛蒡 .... 1 根（200 g）

薄口酱油 .... 1 汤匙

白砂糖 .... 1 汤匙

味醂 .... 1 汤匙

熟白芝麻 .... 1 茶匙

色拉油 .... 1 汤匙

[**做法**]

1. 牛蒡纵切为两半，用擀面杖等轻敲出裂纹，再切成易食的小片，迅速用水洗净，擦干。
2. 平底锅中倒入色拉油，中火加热，加入牛蒡片，煎烤至牛蒡片稍显焦色。
3. 加入薄口酱油、白砂糖和味醂，使牛蒡片上均匀裹满酱汁。撒上熟白芝麻混合均匀，出锅装盘。

这道烤牛蒡片是不是看着就很清爽？与平常的咸甜口感不同，这道料理加入了些许薄口酱油，口味更具成熟韵味。牛蒡片煎烤至近乎发焦，香味更甚，非常适合用作啤酒的下酒菜。

苦瓜拌炒午餐肉

炒

[**材料**] 2 人份

苦瓜 .... 1 根
午餐肉（罐头装）.............. 1/2 罐
鸡蛋 .... 2 个
白砂糖 .... 1 茶匙
酱油 .... 1 茶匙
盐 .... 适量
胡椒粉 .... 少许
色拉油 .... 1 汤匙

[**做法**]

1. 苦瓜纵切为两半，去柄、去籽后切成薄片。苦瓜片撒上少许盐揉搓至变软，水洗后攥干。（图 a）
2. 取出午餐肉，切成 1 cm 见方的小丁。鸡蛋打散。
3. 平底锅中不抹色拉油，先放入午餐肉丁，将其炒香后盛出。
4. 向步骤 3 的平底锅中倒入色拉油，中火加热，加入苦瓜片翻炒。当苦瓜片上裹满色拉油后，将午餐肉丁倒回锅中混合、翻炒，再加入白砂糖、酱油和少许盐、胡椒粉调味。
5. 加入蛋液，让食材上裹满蛋液，出锅。（图 b）

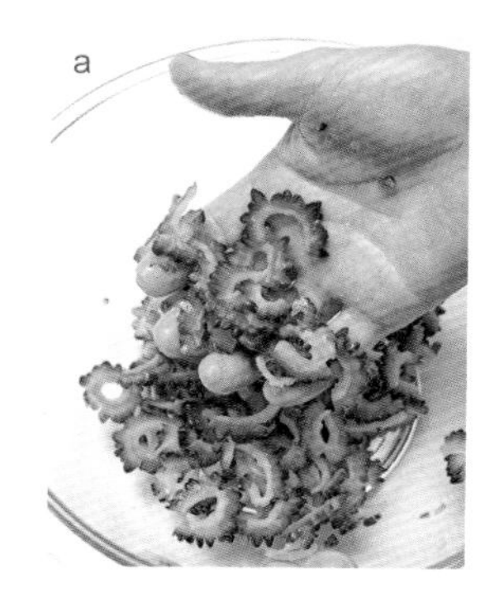
a

b

有人特别喜欢苦瓜的苦味和气味，但你若是不爱吃苦瓜，请将苦瓜切成薄片后用盐揉搓片刻再烹饪。这样，苦瓜的气味便会变得柔和清爽。这道料理中加入了罐头装午餐肉，它跟苦瓜的味道十分契合呢！

【第五章】

鸡蛋、加工食品类烤物

我在此章中整理的烤物，

是用鸡蛋、油炸豆腐、筒状鱼糕、

魔芋和鱼肉山芋饼等做成的

下酒菜和便当的小配菜，

比如油炸豆腐版的汉堡包、

稻荷风的葱烧料理等。

我将为大家逐一介绍这些创意料理。

高汤鸡蛋烧 烤

[材料] 2 人份

鸡蛋 .... 3 个
白萝卜泥 .... 适量
酱油 .... 适量
色拉油 .... 适量

调味料

高汤 .... 50 ml
味醂 .... 10 ml
薄口酱油 .... 1/2 汤匙
盐 .... 少许

[做法]

1. 锅中加入调味料材料混合均匀，开中火加热，轻微沸腾后，将调味料倒至容器内冷却。
2. 鸡蛋打散，加入冷却好的调味料混合。
3. 玉子烧煎锅中涂上少许色拉油，中火加热，舀入 1 勺步骤 2 调好的蛋液，转开，一边搅拌一边煎烤。
4. 煎烤至半熟后，用筷子从远离手的一侧向手侧卷起鸡蛋饼，再将鸡蛋卷推至远离手的一侧。(图 a)
5. 玉子烧煎锅中涂上少许色拉油，再舀入 1 勺蛋液，转开。挑起已做好的鸡蛋卷，让新加的蛋液流入那一侧，铺满整锅。新的鸡蛋饼煎烤至半熟后，连同已做好的鸡蛋卷一起朝手侧卷起，再推至另一头。
6. 重复如上动作 3 ~ 4 次，取出鸡蛋卷，放于卷帘上，用卷帘包起，整形。(图 b)
7. 将鸡蛋卷切成易食大小，装盘，摆上白萝卜泥，在白萝卜泥上淋上酱油。

这道鸡蛋烧充满了关西风，并且稍微控制了甜度，发挥了高汤的风味。为了使鸡蛋烧的黄色鲜艳，我们使用的是薄口酱油。做出漂亮鸡蛋烧的秘诀在于顺畅地卷起鸡蛋饼，但是即使不能做得很漂亮也没关系。这道料理焦香扑鼻，口感绝佳。

鸡蛋千草烧

烤

[材料] 2 人份

鸭儿芹（仅取茎）............... 1/2 袋

胡萝卜 .... 3 cm

色拉油 .... 少许

面糊

- 鱼肉山芋饼 .... 100 g
- 鸡蛋 .... 2 个
- 白砂糖 .... 1 汤匙
- 味醂 .... 1/2 汤匙
- 淀粉 .... 1/2 汤匙

[做法]

1. 鸭儿芹茎切碎，胡萝卜切小丁。
2. 鱼肉山芋饼撕碎后加入料理机中，打入鸡蛋，加入白砂糖、味醂、淀粉，搅拌至顺滑。
3. 锅中加入步骤 1 和 2 处理好的食材，开稍弱的中火，搅拌混合，将面糊加热至半熟、能从木铲上成团滑落的状态。（图 a）
4. 玉子烧煎锅中薄薄地涂一层色拉油，加入面糊。用铝箔纸挡住一端，使鸡蛋烧呈方形，将鸡蛋烧表面整平。（图 b）
5. 将鸡蛋烧用铝箔纸覆盖表面，小火烤 9 ～ 10 分钟。待表面凝固后将其翻面，烤 5 ～ 6 分钟至上色。
6. 鸡蛋千草烧放至盘中冷却，切成易食大小。

a

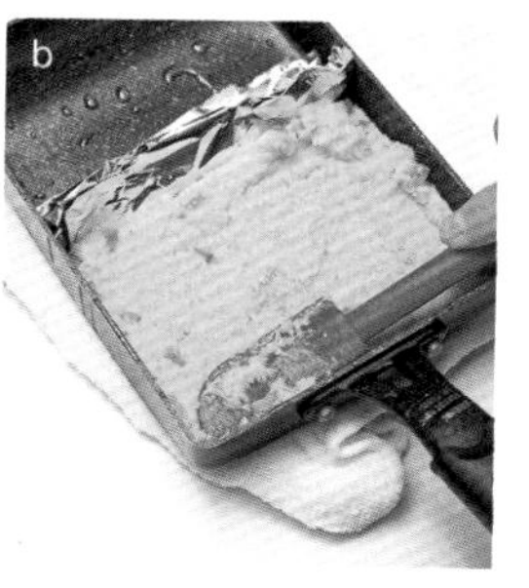
b

“千草烧”是因为面糊中拌入了红色、绿色等各色食材而得名。这道料理甜度较浓，是最适合正月与节日的鸡蛋烧了。面糊中因为加入了鱼肉山芋饼，故易于凝结，口感十分松软。这道料理做起来十分迅速，且几乎是零失败。用保鲜膜包裹好，这道料理可于冰箱中冷藏保存 2 ～ 3 日。

油炸豆腐葱花奶酪烧 烤

[材料] 6个

油炸豆腐（稻荷寿司[1]用）……6片

分葱……2根

可融奶酪（切片）……6片

圣女果……6个

[做法]

1. 将油炸豆腐打开成口袋状，分葱切葱花，奶酪撕小块。
2. 在各个油炸豆腐中都塞入等量葱花，放上奶酪块。
3. 将塞好食材的油炸豆腐放上烤鱼架（为了使油炸豆腐不倒，可以用铝箔纸包裹支撑），在油炸豆腐之间放上圣女果，烤至奶酪焦香。

这道料理外观看起来跟稻荷寿司一模一样，是吧？从底部开口，由下向上打开油炸豆腐，将其做成袋状后再塞进食材，小东西便会是圆鼓鼓的非常稳定的形状了。这也是我出于爱玩的心理尝试出来的一道料理。加入芹菜、卷心菜和西葫芦等食材，也十分美味。

①日本寿司的一种，在煮成略带甜味的油炸豆腐中塞入寿司饭的食品。

过油豆腐块田乐①

烤

［材料］ 4 串

过油豆腐块 .... 1 块

浒苔 .... 适量

田乐味噌

- 赤味噌 ....50 g
- 白砂糖 .... 1 汤匙
- 味醂 .... 1 汤匙

［做法］

1. 过油豆腐块纵切成两半，再将它们分别切成 4 块。用田乐专用竹扦将每 2 块过油豆腐穿成一串儿。（为了使竹扦不被烤焦，可以将手持的部分卷上铝箔纸。）
2. 将田乐味噌材料充分混合，备用。
3. 将豆腐串儿放于烤鱼架上，烤至表面干燥。再将适量田乐味噌抹于过油豆腐块上，烤至味噌温热。装盘，撒上浒苔。

因为事先将过油豆腐块烤干爽了，所以即使再抹上田乐味噌，过油豆腐块也不会湿答答的。田乐专用竹扦较为宽扁，每根前端又分出两根竹扦。用这样的竹扦能让食材更加稳定，不会烤散，请你务必一试！

①酱烤豆腐串儿，把味噌涂在豆腐等食材上面烤制而成的料理。

照烧豆腐丸子汉堡包 烤

[材料] 5个

迷你汉堡面包（直径约 5 cm）……5个
迷你豆腐丸子……5个
生菜……2片
番茄……1个
芥末……适量
蛋黄酱……适量
黄瓜泡菜……适量

酱汁

白砂糖……1汤匙
味醂……1汤匙
酱油……1汤匙

[做法]

1. 将迷你汉堡面包横向对半切开，切面朝上放入烤盘中，用小型多功能烤面包机烤至焦香。
2. 生菜撕小片，番茄切成 5 mm 厚的圆片。
3. 锅中加入酱汁材料混合，开中火，沸腾后加入迷你豆腐丸子。翻动迷你豆腐丸子，使丸子上裹满酱汁，将其烧至呈现光亮色泽，即为照烧豆腐丸子。（图 a）
4. 取 1 片烤好的迷你汉堡面包，在其切面上抹上芥末，放上生菜，抹上蛋黄酱。（图 b）
5. 依次放上照烧豆腐丸子、生菜、番茄片，用对应的另一片迷你汉堡面包夹住。（所夹食材摆放的顺序可根据个人喜好而定。）
6. 用竹扦等穿透照烧豆腐丸子汉堡包，使之稳定。装盘，配上黄瓜泡菜。

a

b

迷你豆腐丸子是超市常卖的食品。将其照烧成咸甜口，做成汉堡包，那美味就像肉一般让人拥有满足感！轻食健康无负担，请一定尝试这道创意汉堡包。

烤蟹黄 烤

[**材料**] 2 人份

蟹肉罐头 .... 1 罐（120 g）
分葱 .... 2 根
法棍面包 .... 适量
田舍味噌 ....30 g
白砂糖 .... 1 汤匙
香菜（可选）.................. 适量

[**做法**]

1. 从罐头中取出蟹肉将其散开。分葱切葱花。切出 7 ~ 8 片 1 cm 厚的法棍面包，用小型多功能烤面包机烤至焦香。
2. 蟹肉、葱花、田舍味噌和白砂糖充分混合，放入焗烤器皿中，置于烤鱼架上烤至表面焦香。
3. 在步骤 2 烤好的食材周围放上法棍面包片，将其放于法棍面包片上食用。有条件的话，加入香菜一同享用。

也许看了菜名，你会觉得这道料理里用的是蟹黄。不，不，不……这道奶酪焗菜风味的料理是将罐头装蟹肉和分葱用味噌和白砂糖调味后做成的，做法相当质朴，但是蟹肉与醇香味噌的搭配却让人欲罢不能。

蛋黄酱烤半熟鸡蛋 烤

这道烤物虽然很简单朴素，但是烤焦的蛋黄酱和香醇的鸡蛋十分美味。为了让鸡蛋更加香醇，请先将鸡蛋煮至半熟。将鸡蛋事先从冰箱里取出，让其回升至室温，便不易煮裂。一边搅动一边煮可以让蛋黄处于鸡蛋正中，这样成品也更加美观。

[材料] 2人份

鸡蛋……4个

蛋黄酱……1汤匙

辣椒粉……适量

薄荷叶（可选）……适量

[做法]

1. 锅中加入足以没过鸡蛋的热水煮沸，放入回升到室温的鸡蛋。轻轻搅动鸡蛋，煮7～8分钟后将鸡蛋浸入凉水中片刻，取出剥壳。
2. 稍切去鸡蛋两端，用棉线将鸡蛋拦腰一分为二。
3. 将鸡蛋大的截面朝上并排摆入托盘中，挤上蛋黄酱（呈细丝状），撒上辣椒粉，放入小型多功能烤面包机中烤2～3分钟，烤至蛋黄酱焦香。装盘，装点上薄荷叶。

魔芋丝炒明太子①

炒

[材料] 2人份

魔芋丝 .... 1袋（200 g）

明太子 .... 1条（60 g）

[做法]

1. 魔芋丝洗净，用笊篱沥干水，切成易食长度。明太子弄碎。
2. 平底锅不抹油，放入魔芋丝，用小火炒干后取出。
3. 向步骤2的平底锅中加入明太子，用小火慢慢加热，将明太子炒散。将魔芋丝倒回，翻炒，使魔芋丝上粘满明太子。

这道料理的诀窍在于用小火将魔芋丝炒干。这样一来，明太子更易粘在魔芋丝上，魔芋丝也更易入味。这道料理中用了明太子，稍带辛辣的味道更适合大人的口味；若是给孩子食用，则将明太子换成鳕鱼子，以同样的步骤烹饪即可。

①即明太鱼子，一般指盐藏再加辣椒而后成熟的食品。

辛辣烤魔芋

烤

[**材料**] 2人份

魔芋 .... 1块（200 g）

味醂 2茶匙

酱油 2茶匙

干鲣鱼片 .... 1袋（3 g）

色拉油 2茶匙

[**做法**]

1. 魔芋表面每隔 3 mm 划出刀纹，切成易食的小块。
2. 平底锅中倒入色拉油，中火加热。放入魔芋块，煎烤 4 ~ 5 分钟，使水分蒸发。
3. 向锅中加入味醂和酱油，让魔芋块上裹满汤汁，烤至出香。装盘，撒上干鲣鱼片。

魔芋富含膳食纤维，是“美丽”的来源，所以这道料理很受女性欢迎。这道料理偏咸甜口，撒了干鲣鱼片后香气扑鼻，是一道十分下饭的佐菜。这道料理美味的诀窍还在于将魔芋煎烤至表面微皱、收缩。

炸鱼肉饼和鲭鱼罐头烤物 烤

[**材料**] 2 人份

炸鱼肉饼 .... 2 块

鲭鱼罐头 .... 1 罐（160 g）

绿紫苏叶 .... 1 把

面包糠 .... 25 g

酱油 .... 少许

[**做法**]

1. 炸鱼肉饼分别纵切成 3 ~ 4 条。（图 a）
2. 鲭鱼罐头倒去罐头汁水，将鱼肉拌散。
3. 将炸鱼肉饼条铺在焗烤器皿中，用鲭鱼肉填满缝隙。（图 b）
4. 撒上撕碎的绿紫苏叶、面包糠。
5. 将食材淋上酱油，放入小型多功能烤面包机中烤 2 ~ 3 分钟，烤至焦香。

a

b

这道焗菜的食材用到了家中常备的鲭鱼罐头，临时想做也能迅速完成，十分便利。炸鱼肉饼的微甜与鲭鱼肉的咸味能引起食欲。这道料理分量足，也十分适合用作主菜。将鲭鱼罐头换成三文鱼罐头或是金枪鱼罐头也十分美味哟！

鱼糕烤金枪鱼小艇 烤

［材料］ 2人份

筒状鱼糕 2大根
金枪鱼罐头 .... 1小罐（80 g）
蛋黄酱 1汤匙
白砂糖 2茶匙
面包糠 .... 适量
梅子肉 .... 适量

［做法］

1. 筒状鱼糕分别纵向对半切开，再将每部分分别拦腰切成两半。
2. 金枪鱼罐头倒去罐头汁。将金枪鱼肉、蛋黄酱、白砂糖放入碗中充分混合，等分后塞入筒状鱼糕凹槽处，再撒上面包糠。
3. 将处理好的鱼糕放入小型多功能烤面包机中烤2 ~ 3分钟至焦香，装盘，装点上梅子肉。

在筒状鱼糕中塞入奶酪或是黄瓜制成小零食，这倒是常见的，但是这回我们稍改风味，塞入了味道契合的金枪鱼肉。金枪鱼肉中加入了蛋黄酱和白砂糖，增添了甜味，再搭配上烤得热乎乎的鱼糕，简直是绝妙的美味。

鱼肉山芋饼排 烤

[**材料**] 2 人份

鱼肉山芋饼 .... 1 块
绿紫苏叶 .... 4 片
色拉油 .... 2 茶匙

[**做法**]

1. 鱼肉山芋饼横竖各切一刀，均分为 4 份。
2. 平底锅中倒入色拉油，中火加热。放入鱼肉山芋饼，在其表面覆上绿紫苏叶。
3. 鱼肉山芋饼一面煎烤出香气后将其翻面，迅速煎烤，出锅。

鱼肉山芋饼煎烤后会变得松软，无论孩童还是老人都十分喜欢这柔和的味道。覆上绿紫苏叶煎烤，绿紫苏叶便能紧紧贴合在鱼肉山芋饼上，香气扑鼻。也可以将绿紫苏叶换成香菜、罗勒、白苏等的叶子，尝试各式风味。

齐藤辰夫（Tatsuo Saito）

日本料理研究专家。于大阪阿倍野区辻调理师专门学校毕业后，留校任教，担任日本料理教授。曾于巴黎、瑞士和华盛顿等地工作，是知名的国际料理家。

不拘一格的新鲜又独创的想法和通俗易懂的教学，为他收获了众多粉丝。现于东京都国立市开了一家料理教室——齐藤辰夫料理工作室。他经常活跃于电视荧屏、杂志和演讲会，每日繁忙充实。

曾参与录制 NHK WORLD（NHK 世界台）的 *Dining with the Chef*（《和厨师一起吃饭》）节目。

著有《美味和食大事典 200》《英译和食事典》（两者都是成美堂出版），《煮物》（主妇与生活社）等图书。①

①以上节目名和图书名等皆为暂译名。